Beschreibung

des

Pistoriusschen

Dampfbrennapparates,

nebst

erläuternden Bemerkungen

von

Dr. Lüdersdorff,
Mitglied der naturforschenden Gesellschaft zu Berlin ꝛc.

Zweite, nach den neueren Erfahrungen verbesserte Auflage.

Mit 7 Tafeln in Steindruck.

Berlin, 1835.
Verlag von Veit und Comp.

Vorwort.

Wenn der Erfinder des in nachstehender Schrift beschriebenen Dampfapparates nicht selbst die Bekanntmachung übernommen hat, so ist einzig und allein die beschränkte Zeit desselben Ursach davon. Da Derselbe nun ebensowenig im Stande ist, die, in Betreff des vorliegenden Gegenstandes, an ihn gerichteten, vielfältigen Anfragen zu beantworten, so ist mir die Obliegenheit der Veröffentlichung geworden, deren ich mich mit dem Bemerken entledige, daß ich mir's zur Ehre rechne, das Organ des Erfinders sein zu dürfen.

Berlin, den 20. Juli 1833.

Dr. Lüdersdorff.

Vorwort
zur zweiten Auflage.

Es ist mir angenehm die zweite Auflage dieser Schrift durch manche neuere Erfahrung verbessern zu können. Ein Zeitraum von zwei Jahren war hinreichend, das Eine zu bewähren, das Andere zu berichtigen, und dies um so vollständiger, als in dieser Zeit der beschriebene Apparat nicht allein durch die Schule mannigfacher Abänderungen ging; sondern durch vielfache Nachahmung in mehreren Exemplaren erschien, und so eine erweiterte Beobachtung zuließ. Was die allgemeine Leistungsfähigkeit des Apparats betrifft, so habe ich sie in der nachfolgenden Schrift selbst unter Zahlverhältnisse gebracht, ich enthalte mich daher um so mehr, hier derselben empfehlend zu gedenken, als sie, gleich nach dem Erscheinen der ersten Auflage dieser Schrift, von einem Herrn Gall indirekt empfohlen wurde. Derselbe verglich diese Leistungsfähigkeit nämlich mit der seines Apparates, den er gegen Empfangnahme eines Honorars aufstellt, und diese Vergleichung fiel nicht allein auf die vortheilhafteste Weise für seinen, und die nachtheiligste für den Pistoriusschen Apparat, aus, sondern Herr Gall brach über den letzteren überhaupt auch mit einer solchen Erbitterung den Stab, daß sich auf das Unzweideutigste die Empfehlung des gefürchteten Nebenbuhlers darin aussprach.

Berlin, den 6. August 1835.

Dr. Lüdersdorff.

Die Anwendung der Dampfheizung zum Betriebe der Branntweinbrennereien hat sich in dem kurzen Zeitraum von wenigen Jahren so verallgemeinert, daß die ungünstigen Resultate der früheren Versuche durch die neuere Erfahrung als in sich unvollkommen und fehlerhaft, und somit als beseitigt zu betrachten sind. Diese Heitzungsart stellt sich also von neuem, und jetzt von vorn herein, in einem günstigen Lichte dar; es kommt daher nur darauf an, dieselbe fort und fort zu kultiviren und, nach Verhältniß der allgemeinen technischen Weiterbildung, ihrer relativen Vollkommenheit entgegenzuführen, um sie nicht nur als eine der entschiedensten Verbesserungen, sondern auch als eine zeitige Stütze der Branntweinbrennereien betrachten zu können.

Denn wenn in anderen Gewerben eine Vervollkommnung, sey es in Erzielung eines besseren oder eines wohlfeileren Fabrikats, nur als wünschenswerth und als eine Annehmlichkeit erscheint, so ist eine Verbesserung im Gewerbe des Branntweinbrennens eine streng gebotene Nothwendigkeit. Je größer nämlich in früherer Zeit der Gewinn war, den die Brennereien abwarfen, um so schneller wuchs ihre Vermehrung, und diese ließ selbst da noch nicht nach, als das Motiv derselben, der direkte Gewinn, verschwand; denn man war mit dem indirekten zufrieden, der aus dem Einfluß der Brennereien, als landwirthschaftliche

Gewerbe, auf die Ackerkultur entsprang. Verloren sich nun auch mit dem direkten Gewinn die städtischen Brennereien, so nahm die Zahl der Landbrennereien dennoch unverhältnißmäßig zu, und zwar in dem Maaße, daß eine Ueberfüllung der Märkte mit ihrem Produkte nicht mehr ausbleiben konnte. Es versteht sich von selbst, daß hierdurch die Preise des Branntweins außerordentlich hinunter gingen, so daß, obgleich die jetzigen Brennereien denselben nicht mehr als Hauptprodukt betrachten, sein Verkauf, belastet durch eine hohe Steuer, gegenwärtig denn doch so wenig abwirft, daß dadurch auch die Schlempe, welche als Viehfutter zum Prinzipalprodukt geworden ist, zu bedeutend vertheuert wird. Unter diesen Umständen ist demnach eine durchgreifende Verbesserung dringendes Bedürfniß, und es muß durchaus der gesteigertsten Aufmerksamkeit im Betriebe auch ein möglichst verwohlfeilter Betrieb, und der produzirten größtmöglichsten Quantität auch die beste Qualität des Produkts zur Seite stehn, wenn nicht der Existenz des Produzenten Gefahr drohen soll.

Was nun die möglichst größte Quantität an Branntwein anbelangt, welche aus einem gegebenen Maischquantum zu erzielen ist, so ist, obschon die gegenwärtig im Durchschnitt gewonnene Ausbeute nicht als das letzte Maximum betrachtet werden kann, doch auf direktem Wege wenig dafür zu thun. Die bedingenden Verhältnisse gährender Massen sind wissentschaftlich noch zu wenig festgestellt, als daß eine praktische Nutzbarmachung möglich sey.

Gewiß aber wird ein wissenschaftliches Eingreifen auch von dieser Seite nicht ausbleiben, und man darf alsdann das Bestehn des Gewerbes, als auf einem festeren Fundament gegründet, mit Sicherheit erwarten. Denn wiewohl durch eine noch größere Ausbeute die allgemeine Produktion an Spiritus mehr zunehmen, der Preis desselben aber in gleichem Verhältniß noch niedriger werden würde, so könnte dies nur erwünscht seyn; weil von da ab der Spiritus in vielen Gewerben, als vielfach nützliches Material, Eingang, und somit einen gesicherteren und besseren Verbrauch finden würde. Bis dahin müssen wir uns denn freilich noch mit dem begnügen, was die bereits als vortheilhaft bekannten, mit Aufmerksamkeit geleiteten Verfahrungsweisen, durch Lokalitäten begünstigt oder behindert liefern, und müssen auf andere Weise eine Verwohlfeilung, wenigstens als Ersatz des Ausfalls, aufzufinden suchen.

Dahin gehört nun zuerst eine vom Gewerbtreibenden ausgehende, gesetzlich-erlaubte, Erniedrigung der Steuer. Denn da man die auf Branntwein zu verwendenden Materialien nicht nur ihrer wirklichen Menge nach, sondern, der Steuer wegen, auch in Rücksicht auf den Raum, welchen sie als Maische einnehmen, in Betrachtung ziehn, und diesen Raum, gleich wie die Materialien selbst erkaufen muß, so kann sich ein Verhältniß stellen, in welchem nicht mehr der Werth der Materialien und der Ertrag, sondern der Werth des Raumes und der Ertrag den letzten Preis des Branntweins bestimmen. Denn wenn Materialien und Maischraum die Kosten, Ertrag und Preis des Branntweins, den Gewinn feststellen, so können Conjunkturen eintreten, wo nicht mehr die Materialien, sondern der Werth des Maischraums die Hauptkosten sind, und folglich nicht mehr die Materialien, sondern der Maischraum den Ertrag, und folglich nicht mehr die höchste Benutzung der Materialien, sondern die höchste Benutzung des Maischraums den Gewinn bedingen.

Eine solche Stellung wird dann allemal eintreten, wenn der Werth der Materialien so tief gesunken ist, daß der Preis eines bestimmten Quantums derselben dem Preise des für dies Quantum benöthigten Maischraums nahe oder gleichkommt, und der Preis des Branntweins so niedrig ist, daß den Produzenten nichts weiter, oder wenig mehr, als die Schlempe in der Kette des landwirthschaftlichen Getriebes, für den Gewinn übrig bleibt.

In diesem Augenblick steht nun das Geschäft eben so; die Fabrikanten müssen also in ihrem Kalkül nicht mehr fragen: welche Ausbeute giebt ein bestimmtes Quantum der Branntwein-Faktoren, sondern: welche Ausbeute giebt ein bestimmter Maischraum? Es ist unter diesen Umständen also erforderlich, den Maischraum so nutzbar als möglich zu machen, denn müßte dies auch mit einiger Aufopferung des wirklichen Ertrages geschehen, so überwiegt die indirkte Mehrausbeute doch durch Verwohlfeilung des theuren Maischraums, diesen Ausfall.

In Hinsicht der Ersparnisse an anderweitige Betriebsunkosten verdient ferner das Feuerungsmaterial besonders in Betracht gezogen zu werden. Schon der Destillationsprozeß führt einen sehr bedeutenden Verbrauch desselben mit sich, und dazu kommt jetzt noch, indem beinah der ganze Vertrieb der Brennereien auf Erdtoffeln zurückgeführt ist, das holzverzehrende Dämpfen so großer Quantitäten dieses Faktors. Also hierin eine Ersparniß zu bewirken, bildet eine Hauptaufgabe, deren nähere Bedingung darin besteht, daß anstatt des bisherigen unvollkommenen Verschwehlens des Feuermaterials dies letztere zur möglichst vollständigen Entwickelung, d. h. zum lebhaftesten Verbrennen gebracht wird, und daß die Stelle der gewöhnlichen Blasen zum Dämpfen der Kartoffeln ein anderer Apparat einnehme, welcher jene höher potenzirte Feuerentwicklung möglich macht.

Eine dritte Hauptanforderung ist endlich die Verbesserung der Qualität des rohen Branntweins. Wie bei jeder Waare, wenn die Märkte mit derselben überfüllt sind, ein eigensinniges Auswählen von Seiten der Käufer stattfindet, so auch gegenwärtig beim Branntwein. Und dies Auswählen ist hier vielleicht weniger als bei anderen Artikeln ein bloß spekulatives Mäkeln zum Drücken der Preise, sondern es hat darin seinen vollwichtigen Grund, daß außer dem gewöhnlichen Fusel aller Branntweine, dieselben durch einen mehr oder weniger aufmerksamen Betrieb, noch, weniger oder mehr, einen anderen Beigeschmack besitzen, welcher der nachherigen Reinigung hartnäckiger widersteht, als der Fusel selbst.

Dieser schwer zu beseitigende Beigeschmack entsteht nun nicht allein durch den Verbrauch verdorbenen Getreides und fauliger Kartoffeln, sondern hauptsächlich noch durch einen schlecht geleiteten Destillationsprozeß. Wenn nämlich bei der Destillation der Maische das Anbrennen wirklich auch zu vermeiden ist, so findet doch, sobald die Destillation nicht ganz gleichförmig, durch stetes Reguliren des Feuers fortgeführt wird, sehr leicht ein bald stärkeres, bald schwächeres Aufwallen statt, wodurch die Maische gegen die Wände der Blasen in die Höhe gespült wird und hier haften bleibt. Erfolgt dies nun öfter auf denselben Stellen, so bildet sich eine Kruste, welche endlich, da wo sie unmittelbar die Blasenwand berührt, trocken, und nun durch die jetzt stärkere

Hitze in einen Zustand des Bratens versetzt wird. Durch dies Braten entwickeln sich dann sehr übelriechende, empyreumatische Oeldämpfe, welche mit übergehen, vom Spiritus gern aufgenommen werden, und ihm einen sehr unangenehmen Geruch und Geschmack ertheilen, der fester als der Fusel dem Branntwein anhaftet. Da nun selbst schon für die besseren Branntweine Mangel an Absatz ist, so erleiden diejenigen Produzenten, deren Fabrikate nun noch von schlechter Qualität sind, hierdurch einen sehr nahmhaften Verlust; und daher gehört ein Mittel, sich dieses Verlustes zu verwehren, zu den wünschenswerthesten Dingen.

Betrachten wir nun diese drei vorerwähnten hauptsächlichsten Anforderungen, also, — höhere Benutzung des Maischraums, Ersparniß an Brennmaterial und Verbesserung der Qualität des Produkts — in Bezug auf diejenigen Mittel, welche diesen Forderungen zu genügen im Stande seyn können, so stellt sich folgendes Verhältniß dar:

Für die höhere Benutzung des Maischraums ist nur ein Weg möglich, und dieser besteht darin, daß man in ein und demselben Raum eine größere Menge Material zur Gährung bringt. Nun aber hat die Erfahrung gezeigt, daß wenn die möglichst größte Ausbeute von einer bestimmten Quantität Material verlangt wird, diese Quantität auch einen bestimmten Gährungsraum verlangt, und daß mit Einengung dieses letztern sich die Ausbeute vermindert. Wir haben aber gesehen, daß bei den gegenwärtigen niedrigen Preisen des Materials, und den, im Verhältniß, noch niedrigeren Preisen des Branntweins, dieser Verlust zu den Unkosten gerechnet, doch noch von dem gegenwärtig sehr hohen Werth des Maischraums überwogen wird, weshalb es zweckdienlich ist, selbst unter jenem Verlust, auf die genannte Weise eine höhere Benutzung des Maischraums zu erzielen.

Dickeres Maischen ist also hier der Ausweg. Aber durch die dadurch bedingte größere Konsistenz der Maische wird bei der Destillation die, schon an sich vorhandene Neigung derselben, nicht allein zum Anbraten, sondern auch zum Anbrennen gesteigert, und zwar in dem Maaße, daß eine Destillation geradezu gar nicht mehr zu bewerkstelligen ist. Die Maische muß also nach der Gährung wieder verdünnt werden, wodurch nun aber ein größeres Destillationsquantum erzeugt wird, welches nicht allein einen Zuschuß an Feuermaterial, sondern auch einen bedeutenden Zuschuß an Zeit erfordert. Ist nun auch ein Zuschuß an Feuermaterial noch zu erschwingen, so ist es ein Zuschuß an Zeit in der Regel nicht mehr, da einmal nur eine bestimmte gesetzliche Brennzeit gegeben ist, und zweitens die, den früheren Verhältnissen angemessenen Apparate nicht groß genug sind, um das vermehrte Brennquantum zu rechter Zeit abzuarbeiten.

Mit den bisherigen Apparaten ist der Vortheil des Dickmaischens also nicht zu erzielen, und er ist nur dann zu erreichen, wenn die dicke Maische unverdünnt destillirt werden kann. Der Beschaffenheit der Maische nach ist dies durch unmittelbares Feuer unter der Blase, selbst bei dem gemäßigtesten und unentwickeltsten, unmöglich, indem die dicke, mit Erdtoffelstücken und Schaalen angefüllte Maische unabwendbar anbrennen würde, so lange die Möglichkeit vorhanden ist, daß die Blase eine höhere Temperatur annehmen kann als der Siedepunkt des Wassers ist.

Nur mit der Dampfheitzung tritt ein Mittel auf, diesem Uebelstande zu begegnen, und zwar dadurch, daß die Dämpfe bei freiem Ausströmen keine höhere Temperatur als die des siedenden Wassers annehmen, folglich auch der dicksten Maische keine höhere ertheilen können, also kein Anbrennen möglich ist — Dampfheitzung ist also das unerläßliche Vehikel zur höheren Benutzung des Maischraums. —

Was eine Ersparniß an Feuermaterial anbelangt, so ist auch diese, ungeachtet durch die jetzige Konstruktion der Blasenfeuerung, und das Hindurchführen des Rauches durch die Darre, schon einen sehr bedeutender Minderbedarf herbeigeführt wird, doch noch möglich. Das Feuer unter der Blase kommt nämlich, bei der jetzigen Einrichtung der Feuerung, niemals zur vollen Entwicklung seiner Heitzkraft. Erstlich brennt es, in Folge des vielen Herumziehens um die Wände der Blase und durch die Darre, immer schlecht, wenigstens schlecht in sofern es viel besser brennen könnte. Zweitens wird, sobald die Destillation beginnt, das Feuer gedämpft, und gedämpft erhalten bis die Destillation zu Ende ist. Dies Dämpfen ist nothwendig — des Abbrennens wegen, und da doch einmal die volle Entwickelung des Feuers verhütet werden muß, so ist das Herumleiten des Rauches zur möglichsten Absorbtion der Wärme zweckmäßig. Wenn es aber möglich wäre, die Destillation nicht nur bei vollem, sondern sogar bei heftig angefachtem Feuer zu betreiben, so würde, selbst ohne dies Herumführen des Rauches, eine bedeutende Ersparung an Feuermaterial bewirkt werden; denn nicht schlechter wird dasselbe benutzt, als wenn es verhindert ist, sich lodernd zu entwickeln. Wir sehen dies im Kleinen an Lampen mit und ohne Schornstein, an Stubenöfen, die schlecht ziehn, und im Großen an Kohlenmeilern, welche, ungeachtet sie große Massen brennenden Holzes enthalten, verhältnißmäßig sehr wenig Hitze entwickeln. Diesem gegenüber stehen Hochöfen mit Gebläsen oder Ventilatoren.

Eine solche Entwicklung des Feuers zum Kochen und Destilliren ist indessen nur dann möglich, wenn die zu kochenden Flüssigkeiten ihrer ganzen Masse nach verdampfbar und völlig dünnflüssig sind. Auf Maische ist sie also in keinem Fall anzuwenden, wohl aber auf Wasser. Indem nun aber das Wasser die im Feuer entwickelte heftige Hitze aufnimmt, und in seinen Dämpfen zu anderweitiger Benutzung sammelt, so kann es sehr wohl den Weg bilden, auf welchem die Destillation einer dicken Flüssigkeit, wie es die Branntweinmaische ist, bei angefachtem Feuer, anstatt bei gedämpftem, destillirt werden kann. — **Wieder also ist es die Dampfheitzung, welche die Holzverschwendung bei dem bisherigen Betrieb beseitigt, und in Ersparniß an Brennmaterial eine Verwohlfeilung des Betriebs herbeiführt.** —

Endlich ist es abermals die Dampfheitzung, welche die vorerwähnte Veredelung des Produktes zuwege zu bringen im Stande ist. Denn wenn es einzig und allein die höhere Temperatur ist, welche die in der Blase irgendwo anhaftende Maische, bei unmittelbarem Feuer, zum Braten bringt, so ist diese Ursache sogleich beseitigt, sobald die Heizung durch Dämpfe geschicht, indem diese, wenn sie auch eine bedeutende Menge gebundener Wärme enthalten, einem anderen Medium, bei gewöhnlichem Druck der Luft, nie eine höhere Temperatur ertheilen, als die des siedenden Wassers.

Somit sind durch ein und dasselbe Mittel die weiter oben aufgestellten, wichtigsten drei Anforderungen der gegenwärtigen Konjunktur an den Betrieb der Brennereien befriedigt, und es bleibt nur übrig dies Mittel in Thätigkeit zu setzen.

Natürlich aber muß dies Mittel zweckmäßig in Thätigkeit gesetzt werden, denn sonst gewährt es nicht nur nicht die erwarteten Vortheile, sondern es bringt sogar noch Verluste zuwege, wozu die früheren Dampfkoch- und Brennapparate hinlängliche Belege geben. Hauptsächlich kommt es hierbei auf eine verständige Konstruktion des Dampfkessels an, denn man kann mit ein und derselben Quantität an Brennmaterial, und in ein und derselben Zeit viel und wenig Dämpfe erzeugen, je nachdem die Konstruktion des Dampfkessels beschaffen ist.

Die Dampfkessel der Dampfmaschinen gaben nun zwar seit längerer Zeit schon die besten Wegweiser für die Konstruktion der Dampfkessel zu Brennereien. Dessenungeachtet aber wurde bei den früheren Versuchen die gewöhnliche Blasenform als Typus beibehalten, was denn aus sehr einfachen Gründen das Mißlingen der Sache zur Folge haben mußte.

Die Form der gewöhnlichen Brennblase ist zwar der möglichsten Benutzung des Feuers ganz angemessen, aber nur der Benutzung eines halb entwickelten Feuers; und zweitens ist sie accomodirt derjenigen Flüssigkeit, welche darin gekocht werden soll. Diese Flüssigkeit ist aber eine dicke

Maische, welche zum Anbrennen und Uebersteigen geneigt ist, und daher mußte die Form der Blase durchaus so beschaffen seyn, daß eine Rührmaschine, als unerläßliche Gegenwehr gegen das Anbrennen, darin angebracht werden konnte.

So lange man also eine solche Blase als Dampfkessel in Anwendung brachte, mußte der Erfolg ungenügend seyn. Denn wenn das Feuer jetzt auch voller brennen konnte, so kam es, der nothwendig flachen Konstruktion des Bodens wegen, doch nicht zur gänzlichen Entwickelung, und der Erfolg bewies denn auch bald, daß, wenn man z. B. 500 Quart Wasser zum Kochen bringen, und dies selbst nur durch die Dämpfe von 500 Quart, als das Minimum der Füllung der Dampfblase, bewerkstelligen wollte, man ungefähr zweimal so viel Holz und wenigstens viermal so viel Zeit nöthig hatte, als wenn man das Feuer unmittelbar unter der Maischblase wirken ließ. Bei diesem Resultat konnte natürlich die Dampfheizung kein Glück machen und sie wurde früher nach den ersten Versuchen wieder verlassen, doch lediglich aus Unkunde mit den Verhältnissen, auf denen die Dampferzeugung basirt ist.

Indem die Wichtigkeit dieser Verhältnisse schon aus obigem hervorgeht, und dieselben bei jeder Veränderung in der Konstruktion der bezüglichen Apparate in Betracht gezogen werden müssen, so will ich der Kürze nach, sowohl die früheren, hierher gehörigen Erfahrungen, als auch die Resultate eigner darauf bezüglicher Versuche hier anführen:

Wenn Wasser zum Sieden erhitzt wird, so zeigt es eine Temperatur von 80° R. und diese Temperatur behält es, wenn die Verdampfung nicht durch ein Verschließen des Kochgefäßes gehemmt wird, unabänderlich, das Kochen mag noch so lange fortgesetzt und das Feuer noch so sehr verstärkt werden. Dieselbe Temperatur haben auch unter denselben Umständen die Dämpfe. Wird den Dämpfen aber der Ausgang versperrt, so nehmen sie eine höhere Temperatur an, und diese steigert sich mit jeder Verstärkung des Feuers. In gleichem Maaße gewinnen die Dämpfe an Spannung, d. h. an Druck gegen die Wände des Kochgefäßes, und diese Kraft nimmt zu bis zur fürchterlichsten Wirkung. —

Wenn aber mit diesem Absperren der Dämpfe ihre Temperatur zunimmt, dieselbe bei ihrem freien Ausströmen dagegen immer gleich bleibt, wie viel Wärme auch dem kochenden Wasser durch das darauf wirkende Feuer zugeführt werden mag, so müssen die Dämpfe nothwendig Ableiter dieser Wärme seyn.

Werden die Dämpfe in kaltes Wasser geleitet, so fängt dies nach einiger Zeit auch an zu sieden; die Dämpfe müssen also auch Fortleiter der Wärme seyn, und zwar Fortleiter aller derjenigen Wärme, welche dem siedenden Wasser, aus dem sie sich entwickeln, unmittelbar durch das Feuer zugeführt wird.

Diese fortgeleitete Wärme kann aber nicht aus derjenigen Wärme allein bestehen, welche wir am Thermometer wahrnehmen, denn da diese nur 80° beträgt, so könnte kaltes Wasser durch die Dämpfe nicht zum Sieden gebracht werden, weil sich die Temperaturen immer nur ausgleichen würden; es muß daher noch eine andere Menge Wärme mit fortgeleitet werden, die in den Dämpfen verborgen ist, und sich als diejenige darstellt, welche dem Wasser, vom

Au-

Augenblick seines Siedens an, fortwährend durch das Feuer zugeführt wird.

Diese verborgene Wärme läßt sich durch den Thermometer nun zwar nicht messen, allein sie ist auf andere Weise zu ermitteln, und da zeigt sich ihre Quantität als sehr bedeutend. Wird nämlich in einem hinreichend großen aber nicht fest verschlossenen Gefäß 1 Pfund Wasser in Dampf von 80° R. verwandelt, und werden nun plötzlich $5\frac{2}{3}$ Pfund eiskaltes Wasser, also von 0° dazu gethan, so kondensirt sich der Dampf zu Wasser, giebt dadurch aber so viel Wärme frei, daß die jetzt entstandenen $6\frac{2}{3}$ Pfund Wasser nicht, wie es nach dem Gesetz der Ausgleichung der Temperaturen der Fall seyn sollte, 12° R., sondern auch 80° R. zeigen. Da die Temperatur des hierbei aus den Dämpfen entstandenen Wassers aber dieselbe geblieben ist, so muß diejenige Wärmemenge, welche nöthig war, um jene hinzugefügten $5\frac{2}{3}$ Pfund Wasser von 0° bis auf 80°, also bis auf den Moment des Siedens zu erhöhen, als gebundene oder verborgene Wärme in den Dämpfen enthalten gewesen seyn.

In Zahlen ausgedrückt wird diese an das kalte Wasser abgetretene, in den Dämpfen verborgen gewesene Wärmemenge $5\frac{2}{3} \times 80$, gleich $453\frac{1}{3}$ Grad R. betragen, so daß also 1 Gewichtstheil Dampf $5\frac{2}{3}$ Theile Wasser vom Moment des Gefrierens bis zum Moment des Siedens erhitzt.

Durch diese Thatsache ist es allein möglich, vermittelst D ä m p f e n, Flüssigkeiten zum Kochen zu bringen, und die hierzu nöthigen Quantitäten sind gleichzeitig in obigem Zahlverhältnisse ausgedrückt. Wie aber mathematische Zahlverhältnisse in ihrer praktischen Anwendung, durch anderweitige Einflüsse, immer eine Aenderung erleiden, so sind auch obige nicht ohne bedeutende Korrekturen in Gebrauch zu setzen. Hauptsächlich tritt hier die Leitung der Körper für die freie Wärme als ein Gegengewicht auf, und mindert nicht unbedeutend die Menge der zugeführten Wärme. Wenn nämlich ein Körper an irgend einem Theile erwärmt wird, so verweilt die ihm zugeführte Wärme nicht ausschließlich an diesem Theil; sie bewegt sich vielmehr durch die ganze Masse, vertheilt sich darin mehr oder weniger schnell, und verläßt endlich den Körper, durch Ausstrahlen, wiederum gänzlich. Dies Leitungsvermögen besitzen indessen nicht alle Körper in gleichem Maaße; einige leiten die Wärme schnell, andere langsam, und einige strahlen sie schnell, andere langsam aus. Bei den festen Körpern steht dies im geraden Verhältniß, d. h. diejenigen, welche die Wärme schnell leiten, strahlen sie auch schnell wieder aus, wogegen die anderen sie um so länger festhalten, je langsamer sie dieselbe aufnehmen und leiten. Bei den tropfbar flüssigen Körpern ist dies nicht so der Fall, indem die bessere oder schlechtere Leitung sich nach dem Ort der Erwärmung richtet. Erfolgt nämlich die Erwärmung von unten, so werden die zunächst befindlichen Theilchen durch die Wärme relativ leichter gemacht, sie bewegen sich folglich sogleich nach oben, und machen kälteren Theilen Platz, was nothwendig denn einen Einfluß auf die schnellere Vertheilung der Wärme hat. Unter diesen Umständen können also Flüssigkeiten die Wärme schnell leiten, aber doch lange zurückhalten. Dies, durch die Beweglichkeit der Theile flüssiger Körper hervorgebrachte, schnellere Vertheilen oder Fortführen der Wärme ist bei luftartigen Körpern noch entschiedener, und tritt dadurch als ein von dem Leitungsvermögen überhaupt Verschiedenes auf. Die Luft zeigt sich nämlich im stillstehenden Zustand als ein sehr schlechter Leiter, im bewegten dagegen, d. h. wenn die erwärmten Theile schnell von dem erwärmenden Orte weggetrieben und kältere zugeführt werden, als einer der besten Leiter.

Außer der Eigenschaft der Wärme, aus einem Körper in den anderen fortgeleitet zu werden, besitzt sie noch das Vermögen, auszustrahlen, d. h. einen Körper zu verlassen, ohne daß sie durch einen anderen abgeleitet wird. Ein erhitzter Körper verliert also auch inmitten eines luftleeren Raumes, wo er also mit keinem anderen in Berührung ist, seine Wärme, und zwar durch das Ausstrahlen. Dies Ausstrahlen überwiegt in vielen Fällen, und namentlich da, wo Flüssigkeiten, hauptsächlich luftartige, ins Spiel kommen, das Leitungsvermögen der Körper. Denn wenn ein erhitzter Körper in die Mitte eines, mit durchaus stillstehender Luft gefüllten Raumes gebracht wird, so erfolgt die Erwärmung der Wände um vieles schneller, als es, der schlechten Wärmeleitung der stillstehenden Luft nach geschehen könnte, und dies geschieht in Folge des Ausstrahlens.

So wichtig nun nicht allein das Wärmeleitungsvermögen der Körper, sondern auch das Strahlen der Wärme für die technische Benutzung ist, indem ohne das erstere weder das Kochen einer Flüssigkeit in einem Gefäße, noch ohne das andere eine Verwendung der Seitenwärme der Flamme möglich wäre, so treten auf der anderen Seite diese Potenzen wiederum als sehr hinderlich auf, und verringern die Wirkungen der Wärme um ein Bedeutendes.

Eben daher kommt es, daß man durch eine kleine Flamme große Körpermassen nicht zu jedem Wärmegrad

Die Ausmittelung dieser Verhältnisse gehört bei allen Dampfheitzungen zu den wichtigsten Erfordernissen; ich werde daher, in direkten Versuchen, einige Beispiele zur besseren Uebersicht hier folgen lassen. — Zur Veranstaltung dieser erläuternden Versuche bediente ich mich eines kleinen Dampfkessels in Form einer Branntweinblase, aus der ein Dampfrohr die Dämpfe in ein daneben gestelltes, offenes Gefäß, zum Kochen der darin vorgeschlagenen Flüssigkeit, leitete.

1) Wurden 3 Pfund Wasser in den Dampfkessel gebracht und durch eine nur schwache Spiritusflamme erhitzt, in das Kochgefäß aber ebenfalls 3 Pfund Wasser von 12° R. vorgeschlagen, so waren 30 Minuten erforderlich um das Wasser im Kessel zum Sieden zu bringen. Um nun aber durch die Dämpfe das vorgeschlagene Wasser bis zum Kochen zu bringen, waren 120 Minuten erforderlich, und zwar waren hierbei die 3 Pfund Wasser des Dampfkessels als Dampf verbraucht worden. An Spiritus waren verbraucht 1800 Gr. ($7\frac{1}{2}$ Loth).

Bei dieser Veranstaltung war nun zwar der Zweck, d. i. die Erhitzung des vorgeschlagenen Wassers bis zum Sieden, erreicht, jedoch nur durch das hier eben hinreichende Verhältniß der Menge Dämpfe zu der zu kochenden Wassermenge, und der Größe der Flamme zu der zu entwickelnden Dampfmenge. Daß dies stattgehabte Verhältniß nun aber kein günstiges war, wird sogleich aus folgendem Versuch erhellen.

2) Wurde, nach neuer Füllung des Kessels und des Kochgefäßes mit gleichen Quantitäten Wasser, die Flamme so verstärkt, daß das Wasser im Kessel in 15 Minuten zum Kochen kam, so waren nur 81 Minuten er-

forderlich, um durch die Dämpfe das Wasser im Kochgefäß zum Kochen zu bringen. Dabei waren aus dem Kessel nur 14240 Gran = 1 Pfund $27\frac{1}{3}$ Loth Wasser verdampft und 1290 Gr. ($5\frac{3}{8}$ Loth) Spiritus verbrannt.

Hier sind also bloß durch die Aenderung des Verhältnisses der Flamme zum Dampfkessel, und folglich der Dämpfe zu dem zu kochenden Wasser, erspart: an Zeit 74 Minuten, an Wasser im Kessel 1 Pfund $4\frac{2}{3}$ Loth und an Brennmaterial $2\frac{1}{8}$ Loth. Man sieht hieraus welchen Einfluß die oben entwickelten Verhältnisse ausüben, und wie nachtheilig das *Ableiten* und *Ausstrahlen* der Wärme auf das Resultat einwirken, wie sehr man also Ursach hat, bei Konstruktion und Handhabung eines Dampfapparates auf diese Umstände zu achten. Denn der Theorie nach sollten, da $5\frac{2}{3}$ Pfund Wasser von 0° Grad nur der Dämpfe von 1 Pfund Wasser bedürfen um bis auf 80° d. h. bis zum Sieden erhitzt zu werden, obige 3 Pfund nur der Dämpfe von etwa $\frac{1}{2}$ Pfund bedurft haben um bis zum Siedepunkt zu gelangen, und doch haben sie, im ersten Versuch, gerade die Dämpfe von 3 Pfund gebraucht. Es ist also durch das Ableiten und Ausstrahlen, während des langsamen Einleitens der Dämpfe, so viel Wärme verloren gegangen als nöthig gewesen wäre um eine beinah sechsmal größere Quantität Wasser zum Kochen zu bringen; von der disponiblen Wärme ist also nur $\frac{1}{6}$ benutzt worden.

3) Wurde der Dampfkessel, anstatt mit 3 Pfund Wasser mit 6 Pfund gefüllt, die Berührung desselben mit dem Feuer aber um $\frac{1}{3}$ vergrößert, im Kochgefäß wieder aber nur 3 Pfund vorgeschlagen, und war die Größe der Flamme dieselbe wie im vorigen Versuch, so waren 33 Minuten nöthig um den Dampfkessel, und 42

Minuten um durch die Dämpfe das vorgeschlagene Wasser zum Sieden zu bringen. Verdampft waren hierbei 8312 Gr. (1 Pfund $3\frac{7}{16}$ Loth) und an Brennmaterial verbraucht $4\frac{1}{10}$ Loth.

In dieser Stellung der Verhältnisse, wo neben einer stärkeren Füllung des Dampfkessels die Fläche vergrößert war, von der die Dämpfe die Wärme aufnehmen, ist wiederum eine Ersparniß eingetreten; und zwar sind gegen den vorhergehenden Versuch im Ganzen an Zeit gewonnen 21 Minuten, obgleich zum Erhitzen des Dampfkessels anfänglich mehr als noch einmal so viel Zeit erforderlich war. An Dampfwasser sind erübrigt 23 Loth 186 Gr. und an Brennmaterial 1 Loth 66 Gr.

Diese Resultate gegen den ersten Versuch gehalten, geben noch bedeutendere Ersparnisse. An Zeit ist hiergegen über $\frac{2}{3}$ gewonnen, an Dampfwasser beinah $\frac{2}{3}$, und an Brennmaterial beinah die Hälfte.

Diese Beispiele werden ein hinreichendes Bild von der Möglichkeit verschiedener Verhältnisse geben, unter denen Kochen und Dampferzeugung zweckmäßig und unzweckmäßig bewerkstelligt werden kann, und namentlich werden sie den Satz beweisen, daß nur bei starkem und möglichst entwickeltem Feuer eine, an Zeit und Brennmaterial wohlfeile Dampferzeugung zu bewirken ist.

Außer dem Verhältniß der Größe des Dampfkessels zu der durch Dämpfe zu kochenden Flüssigkeit, und seiner Form in Hinsicht der möglichst größten Berührung mit dem Feuer; ist also auch auf die Geräumigkeit der Feueranlage, und auf die höchste Entwickelung des Feuers Rücksicht zu nehmen. Um aber dies letztere zu bewerkstelligen muß die

Feuerung so eingerichtet seyn, daß dem Feuer so viel Luft als möglich zugeführt wird, indem die Luft, oder vielmehr der darin enthaltene Sauerstoff, die unumgängliche Bedingung des Brennens brennbarer Stoffe ist. Die Menge der zugeführten Luft bedingt also, verbunden mit der Menge des vorhandenenen Brennmaterials, die entwickelte Hitze, welche nun ihrerseits wiederum möglichst benutzt werden muß.

Die entwickelte Hitze wird aber dann am vollständigsten benutzt, wenn sie, so viel als es sich thun läßt, um den zu erhitzenden Gegenstand, also im vorliegenden Fall, um den Dampfkessel konzentrirt wird, damit sie von diesem wiederum, so viel als möglich, absorbirt, und zum Verdampfen des Wassers verwendet werden kann. Es kommt daher außerordentlich viel auf die Konstruktion des Dampfkessels und der Feuerungsanlage an, und zwar bei letzterer nicht sowohl um möglichst wenig Wärme in den Schornstein gelangen zu lassen, sondern vielmehr, um durch starke Zuführung von Luft und schnelle Ableitung derjenigen, die zum Erhalten des Brennens nicht mehr tauglich ist, das Brennmaterial zum heftigen und vollständigen Verbrennen zu bringen.

Für die zweckmäßige Konstruktion des Dampfkessels verdient nun vor allem die Erfahrung, daß die Hauptwirkung des Feuers immer nach oben gerichtet ist, und die zur Seite ausstrahlende Wärme nur einen sehr schwachen Effekt macht, die größte Berücksichtigung. Also gerade unter dem Kessel muß das Feuer hauptsächlich benutzt und von der Seitenwirkung, beim Herumführen desselben um die Wände des Kessels, wenig erwartet werden. In Uebereinstimmung mit diesem Satz würde also ein Dampfkessel von der Gestalt der gewöhnlichen Branntweinblasen am zweckmäßigsten seyn, indem derselbe, bei geringer Höhe, dem Feuer einen großen Boden zur Ausbreitung und Absetzung seiner Wärme nach oben, darbietet. Allein die Erfahrung hat wiederum gelehrt, daß dem in der Ausführung nicht so ist, und zwar aus folgenden Gründen: Bei der Feueranlage unter einem solchen Kessel muß, der Heitzöffnung gegenüber, für den Zug ein Ausweg vorhanden seyn, und dieser Ausweg ist die Hauptursach der schlechten Wirkung des Feuers. Brennt nämlich auch das Feuer, von der durch den Rost einströmenden Luft angefacht, zunächst gegen den Boden des Kessels in die Höhe, so wird es doch sogleich abgelenkt und der Zugöffnung zugeführt. Es kann sich daher nur wenig unter dem Boden ausbreiten, es folgt vielmehr, in einem dicken Strome, dem Zuge nur in der Richtung des Durchmessers der Blase, und seine am heftigsten wirkende Spitzflamme wird in den Seitenzügen versplittert.

Wenn also auch der obige Grundsatz richtig ist, so erleidet er doch dadurch, daß das Feuer nicht unter dem geräumigen Boden des Kessels verbleiben und seine Wärme daran absetzen kann, vielmehr weiter, und zwar in einem dicken Strome weiter geführt werden muß, eine Aenderung. Dicke Flammenmassen müssen also so viel als möglich vermieden werden; denn solche Massen sind nicht durch und durch Flamme, sondern sie enthalten einen hohlen Raum, und geben nur von der allein flammenden Oberfläche Hitze. Je mehr daher das Feuer in kleinere Flammen getheilt wird, um so verhältnißmäßig größer wird die brennende Oberfläche, und um so größer folglich die entwickelte Hitze. Daher konnten Dampfapparate mit Kesseln von der Gestalt der gewöhnlichen Blasen zu keinen genügenden Resultaten führen, indem weder eine hinreichend schnelle, noch hinreichend starke Dampferzeugung damit zu bewirken war. Dem gegenüber bewährten sich die cylinderförmigen Kessel der Dampfmaschinen bei weitem vollkommner, ungeachtet sie dem Feuer eine viel geringere Fläche für die Perpendikularwirkung darbieten. Diese kleinere Fläche wird aber eine größere, indem sie ihrer ganzen Ausdehnung nach vom Feuer bespielt wird, was, wie wir gesehn haben, bei dem, noch so großen, Boden einer Blase eben nicht der Fall ist. Hätte man sich also bei Dampfbrennapparaten, anstatt der blasenförmigen Kessel, gleich der der Dampfmaschienen bedient, so wäre eine Angelegenheit ohne die bittere Erfahrung des Mißlingens längst realisirt worden.

Diese und anderweitige Erfahrungen haben daher die Aufmerksamkeit der Maschinenbauer auf den Dampfkessel, besonders für Dampfmaschinen, als den wesentlichsten Theil derselben, fast fortwährend in Regsamkeit erhalten, und es sind manichfache Kesselsysteme zum Vorschein gekommen, die, wenn es auch nicht die Konstruktion einer Dampfmaschine galt, doch als Dampferzeuger, auch für unsern Zweck zu berücksichtigen waren. Unter diesen Systemen hat sich denn das Röhrensystem für Dampfmaschinen, sowohl in Betreff der schnellsten Dampferzeugung als des geringsten Verbrauchs an Brennmaterial und Zeit, am bewährtesten gezeigt. Es besteht aus einer Anzahl einzelner Kessel, die in Gestalt enger Röhren, unter sich kommunizirend, im Feuer liegen, so daß das darin befindliche Wasser von allen Seiten vom Feuer umspielt wird. Hierdurch muß natürlich eine schnelle Erhitzung und schnelle Dampferzeugung erfolgen. Da indessen der kubische Raum dieser Röhren nur gering ist, also nur wenig Wasser zum Verdampfen kommen kann, so ist auch die Menge der erzeugten Dämpfe nur gering, um so größer aber die Spannung derselben, und um so größer ihre Kraft zum Betriebe der Dampfmaschine. Sind diese Röhrenkessel nun aber auch als die wohlfeilsten, schnellsten und stärksten Getriebe von dem wesentlichsten Nutzen, wenn es darauf ankommt große Kraftäußerungen zu erzielen, so wird ihre Anwendbarkeit doch dann sehr bedingt, wenn dieser letzte Zweck wegfällt, und, statt dessen, von den Dämpfen nur die Erhitzung zu kochender Flüssigkeiten, außerhalb aller größeren Spannung, verlangt wird, und, wenn der Dampfkessel gleichzeitig als Reservoir heißen Wassers dienen soll, wie dies der Fall bei einem Dampfbrennapparat ist.

Hier verbleibt von den Vorzügen des Röhrensystems nur die dabei mögliche schnelle, und durch die größte Benutzung des Brennmaterials, wohlfeile Erhitzung des Wassers übrig, Vortheile, welche gleichwohl immer noch so bedeutend sind, daß es der Mühe werth war, bei Konstruktion eines Dampfkessels zum Behuf der Dampfkochung, dies System im Auge zu behalten. Wir müssen es daher Herrn Pistorius Dank wissen, daß er dies System auf höchst glückliche Weise so umzustalten gewußt hat, daß daraus ein überaus wirksamer Dampfkessel für den Betrieb der Brennerei hervorgegangen ist.

Bei der Konstruktion eines derartigen Kessels kam es nämlich, außer der möglichsten Ersparniß an Brennmaterial und Zeit, welches beides das Röhrensystem gewährt, darauf an, eine große Menge Dämpfe, ohne Spannung, zu entwickeln, und in dem Kessel ein Reservoir heißen Wassers zu bilden. Um sowohl die eine als die andere dieser letzteren Bedingungen zu erfüllen, mußte aber der Kessel einen bedeutenden kubischen Raum erhalten, der um so schwerer mit dem Röhrensystem in Verbindung zu bringen war, als dies gerade dadurch seine Wirksamkeit erhält, daß kleine Quantitäten Wasser ringsum vom Feuer bespielt werden. Da dies nun bei geräumigen Kesseln geradezu nicht zu erreichen war, so kehrte Herr Pistorius das Röhrensystem, bei welchem das Wasser im Feuer vertheilt ist, um, und vertheilte das Feuer im Wasser. Durch diese glückliche Idee wurde nun derselbe Zweck erreicht, und gleichzeitig konnte der Erfinder den gegenwärtig mißlichen Stand des Gewerbes im Auge behalten, und ohne bedeutenden Kostenaufwand, indem die in jeder Brennerei vorhandene Wasserblase sich leicht dazu einrichten ließ, einen höchst wirksamen Dampfkessel zustande bringen.

Beschreibung des Apparats.

Man denke sich eine gewöhnliche Branntweinblase, jedoch von älterer Form, also mit höheren Wänden. Aus der Mitte des Bodens einer solchen Blase denke man sich ferner ein scheibenartiges Stück ausgeschnitten, und über die dadurch entstandene Oeffnung denke man sich einen cylindrischen kupfernen Kessel, in gleichem Durchmesser mit der Oeffnung, vom Innern der Blase aus, umgestülpt und am Rande der Oeffuung befestigt, so daß der Kessel, konzentrisch mit dem Blasenboden, in die Blase hineinreicht und die Oeffnung wieder verschließt. Es ist hierdurch also im Boden der Blase von unten aus eine scharfkantige Aushölung entstanden, in welche das Feuer hineinbrennen kann. Jetzt endlich denke man sich in der Umfassungswand dieser Aushölung rundum acht runde Löcher, in gleichen Abständen von einander, ausgeschnitten, und eben so acht korrespondirende Löcher in der Seitenwand der Blase; und nun denke man sich von den einander gegenüber stehenden Löchern, immer zwei und zwei, durch eine Röhre verbunden, so ist der Dampfkessel in seinem wesentlichen Theile fertig.

Taf. VI. zeigt einen Durchschnitt des Dampfkessels. A ist die urspürgliche Blase, B das in den Boden eingesetzte Gefäß, dessen Stellung in der Blase aus Fig. 8. sichtbar ist. c c sind zwei der Röhren, deren übrige in dem Grundriß Taf. II. Fig. 2. zu sehen sind.

Das unter dem Kessel brennende Feuer breitet sich also zunächst unter dem Boden desselben flackernd aus, dann aber konzentrirt es sich in der Aushölung B und wird nun in acht Ströme getheilt, die in den vorerwähnten Röhren geradezu durch das Wasser im Kessel hindurchgehn, und in langen Stichflammen ihre Hitze absetzen. Besonders durch diese Zertheilung des Feuers wird dem Dampfkessel eine große Menge Wärme zugeführt, indem der S. 26. erörterte Grundsatz, wonach dicke Flammenmassen verhältnißmäßig wenig, dünne Flammenkegel dagegen viel Wärme entwickeln, in Anwendung kommt. Außerdem gewährt dieser Dampfkessel, schon durch seine Konstruktion, zum Theil die für Dampferzeugung wesentlichen Vortheile rauher Flächen oder Unebenheiten der Wände der Kochgefäße, indem durch die Röhrenleitung, und den in den Dampfkessel hineinragenden Feuerkasten, gerade da wo die Hitze am heftigsten wirkt, nicht allein scharfe Kanten und Buchten entstanden sind, sondern die Rundung der Röhren selbst schon die Dampferzeugung außerordentlich beschleunigt.

Die übrigen Theile des Dampfkessels bestehen aus den zur Einsperrung oder Leitung der Dämpfe erforderlichen Theilen. Dahin gehört: ee Taf. VI. Fig. 8. und Taf. IV. Fig. 4. ein vertiefter Deckel, welcher den Kessel luftdicht verschließt. Damit dies aber vollständig geschieht, hat der Hals des Kessels nn einen flachen horizontalen Rand, und ebenso der vorerwähnte, mit seiner Vertiefung in den Hals etwas hineinreichende, Deckel, so daß, wenn dieser letztere aufgelegt wird, beide Ränder aufeinander treffen. Da hierdurch aber, selbst bei etwaigem Verstreichen der Fuge mit einem Kitt, noch kein fester Verschluß erhalten wird, so wird zwischen beide Ränder ein Pappring gelegt, und nun werden, vermittelst zweier eiserner, mit Löchern versehener Kränze, von denen sich der eine unter dem Rand des Blasenhalses, der andere aber über dem Rand des Deckels befindet, durch Schrauben mit Muttern beide Ränder scharf gegeneinander gezogen, Taf. V. Fig. 6.

In der Mitte dieses Deckels befindet sich ein etwas weites Rohr dd Taf. VI, Taf. IV. und Taf. V., welches sich, in beliebiger Höhe, in die beiden mit Hähnen versehenem Arme ff Taf. VI. theilt, und die Dämpfe in gewöhnlicher Weise nach den Kartoffeldämpfern leitet.

Die beiden Röhren hh, deren örtliche Stellung besonders in dem Grundriß Taf. V. Fig. 6. sichtbar ist, sind die Dampfröhren für die Brennapparate. Sie nehmen in beliebiger, nach der Oertlichkeit sich richtender Höhe, eine horizontale Richtung an, und gelangen, wie aus Taf. V. Fig. 5. ersichtbar ist, in die unteren Blasen der Brennapparate. Die Röhren reichen hier durch die Decke der Blasen bis nahe auf den Boden derselben, und sind von diesem nur soweit entfernt, daß der Flügel der Rührmaschine darunter hinweg gehen kann. Ueber den Blasen, in bequemer Höhe, sind die Röhren mit einem Hahn versehen (i). Taf. V. Fig. 5.

Auf dem Deckel des Dampfkessels befinden sich ferner die beiden Ventile k und l Taf. IV, V, VI. Das eine dieser Ventile k öffnet sich nach Innen, so daß, wenn im Innern des Kessels ein luftleerer Raum entsteht, und die äußere Luft, wie dies bei jedem Abkassen der Blase der Fall ist, darauf drückt, sich das Ventil öffnet, und der Luft den Eingang zum Kessel gestattet.

Das Ventil l öffnet sich dagegen nach Außen, um den Dämpfen, wenn durch Unvorsichtigkeit alle Hähne geschlossen seyn sollten, einen Ausgang zu verschaffen, und den Kessel dadurch gegen ein mögliches Sprengen zu schützen. Da nun aber immer von Seiten der stets etwas gespannten Dämpfe ein Druck gegen dies Ventil stattfindet, so hat dasselbe einen längeren Arm, auf welchem eine bewegliche Metallkugel hin und her geschoben werden, und so der Gegendruck des Ventils regulirt werden kann. Wenn nämlich bei einer, dem Ventil nahen, Stellung der Kugel die Dämpfe dasselbe heben sollten, so wird die Kugel zurückgerückt, und das Ventil leistet jetzt, nach dem Gesetz der Hebelwirkung, den Dämpfen einen größeren Widerstand.

Endlich enthält der Deckel des Dampfkessels noch ein kurzes etwa 6 Zoll hohes aber etwas weites Rohr m, Taf. V. Fig. 6. Dies Rohr hat oben einen umgebogenen Rand, worauf ein flacher Deckel (eine Kupferscheibe) paßt, und wird durch diesen, vermittelst eines Schraubengeschlinges und zwischenliegenden Papprings, luftdicht verschlossen.

Es

Es dient dazu, um durch dasselbe zum Reinigen des Kessels vom Pfannenstein zweckdienliche Substanzen, oder Spähne zur Erhöhung der Dampferzeugung, hinein zu bringen.

Was die jedesmalige Leitung der Dampfröhren anbelangt, so richtet sich diese ganz nach der Lokalität; und der Dampfapparat kann sich sehr füglich in einem anderen Raume befinden, als der Brennapparat, nur müssen, besonders wenn die Röhren etwas weit geleitet werden, dieselben sorgfältig mit Leinwand umwickelt seyn, indem sonst, vermöge der guten Wärmeleitung des Kupfers, die darauf wirkende kalte Luft eine beträchtliche Wärmeentziehung mit sich bringt. Bei dem Herumführen der Röhren um hervorspringende Ecken des Lokals ist es zweckmäßig, sie nur aus kurzen Enden bestehen zu lassen, und durch Schraubengeschlinge mit einander zu verbinden. Bei dieser Leitung muß man ferner darauf achten, daß die Röhren nicht Krümmungen auf und nieder zu machen haben, denn wiewohl dieselben, entweder nach dem Dampfkessel oder nach dem Brennapparat zu, Fall haben können, so muß dieser Fall doch unter gleichem Winkel gegen den Horizont fortgehn, damit sich in den Röhren kein Wasser ansammeln kann.

Da während der Thätigkeit des Kessels das Wasser in demselben nach und nach verdampft, so muß dies ersetzt werden können, und hierzu dient die Vorrichtung W Taf. IV. Bevor das Nachfüllen jedoch möglich ist, muß man im Stande seyn, die Menge des verdampften Wassers zu erkennen, um danach die Menge des nachzufüllenden zu bestimmen.

Damit man also wahrnehmen kann, wie weit die Verdampfung vorgeschritten, ist die Röhrenleitung opqr Taf. IV. bestimmt. In die Seitenwand des Kessels ist nämlich, in gleicher Höhe mit der in den Dampfkessel hineinreichenden Aushöhlung B, also etwa 7 Zoll vom Boden des Kessels das Knierohr qr eingesetzt. Es hat eine solche horizontale Länge, daß es sowohl durch den Seitenzug des Kessels als durch die Umfassungsmauer hindurch reicht. Gerade über diesem Knierohr, dicht unter der Decke des Kessels, befindet sich ferner das Rohr op, welches oben durch Platte, Rand und Schraubengeschlinge geschlossen ist. Beide Röhren sind nun durch ein Glasrohr, welches sowohl oben als unten, mit Werk und Kitt eingedichtet ist, verbunden — und dadurch ist der jedesmalige Stand des Wassers im Kessel sichtbar gemacht. Das Wasser in dem Glasrohr steht nämlich, dem Gesetz des Kommunizirens nach, immer mit dem Wasser im Kessel in gleicher Höhe; wenn dasselbe daher nur noch ein paar Zoll über dem kupfernen Rohr qr sichtbar ist, so ist es Zeit zum Nachfüllen. Da es möglich ist daß sich die Röhren op und besonders qr verstopfen können, so hat eine jede vorn eine kleine Oeffnung, durch welche man mit einem starken Drath bis in den Kessel hineinstoßen kann. Diese Oeffnungen sind gleich als Mutterschrauben ausgeschnitten, so daß dieselben durch eine eingeführte Schraube sofort luftdicht wieder verschlossen werden können. Der ganze Regulator muß an einem solchen Ort des Kessels angebracht werden, wo derselbe dem Zerschlagen am wenigsten ausgesetzt ist *)

---

*) Man hat bei anderen Dampfkesseln, anstatt dieser Vorrichtung, zum Erkennen des Wasserstandes einen Schwimmer angebracht, indem

Die jetzt erforderliche Vorrichtung zum Nachfüllen des verdampften Wassers kann sehr einfach seyn. Man stellt auf Unterlagen eine gewöhnliche Tonne auf den Dampfkessel, und leitet aus dem Boden, oder dicht über dem Boden, aus der Seite, ein, mit einem Hahn versehenes Rohr in den Kessel bis nahe auf den Boden desselben. Will man nun nachfüllen, so braucht man nur den Hahn dieser mit Wasser versehenen Tonne, gleichzeitig aber eines der auf dem Dampfkessel befindlichen Ventile zu öffnen, es fließt alsdann das Wasser von selbst in den Kessel hinein. Das Oeffnen eines der Ventile ist deshalb nöthig, weil die im Kessel immer etwas gespannten Dämpfe durch ihren Gegendruck das Einfließen des Wassers durchaus verhindern, wenn ihnen nicht geradezu ein Ausweg verschafft wird. Dies geschieht nun, wie ich erwähnt habe, durch Oefnen der Ventile, aus denen die Dämpfe mit Heftigkeit ausströmen.

Durch dies Entlassen der Dämpfe entsteht indessen der Nachtheil, daß ihre Wärme ungenutzt verloren geht, die wenigstens zum Erhitzen des nachgefüllten Wassers bis auf den Moment des Siedens, verwendet werden könnte. Es tritt also durch das Nachfüllen, wenn selbst das Nachfüll-

---

ein großer Stein, oder ein anderer schwerer Körper durch ein Gegengewicht auf der Oberfläche des Wassers zum Schwimmen gebracht ist. Fällt nun das Wasser im Kessel, so folgt der Stein nach, und das Gewicht, welches an einem Schnur über eine mit einem Zeiger versehene Rolle geht, steigt in die Höhe, und macht so den Stand des Wassers im Kessel erkennbar. So zweckmäßig diese Vorrichtung aber auch ist, so ist sie doch komplizirt, und besonders macht das Dichten desjenigen Theils derselben Schwierigkeit, der in dem Deckel des Kessels beweglich seyn muß, es verdient daher die einfache Glasröhre, die sich denn auch hinreichend bewährt hat, den Vorzug.

wasser, wozu man das von den Becken des Spiritusapparates abfließende Wasser benutzen kann, etwas erwärmt ist, ein Stillstand in der Dampferzeugung ein, der nicht unbedeutend ist. Um diesem Nachtheil zu begegnen hatte Herr Pistorius früher eine kleine Druckpumpe mit dem Dampfkessel in Verbindung gebracht, wodurch man nun zwar in jedem Augenblick, und ohne die Dämpfe vorher entlassen zu müssen, das Nachfüllen bewirken konnte, allein es war hierzu immer eine besondere Arbeit erforderlich. Damit nun auch diese entbehrlich werde, konstruirte Herr Pistorius die Vorrichtung W. Fig. 4, welche ihrem Zweck auf die erfreulichste Weise entspricht.

Indem nämlich das freiwillige Einfließen des Nachfüllwassers aus einem, auf dem Dampfkessel stehenden Gefäß dadurch verhindert wird, daß die Dämpfe einen einseitigen Druck, den die Schwere des Wassers nicht zu überwältigen vermag, und zwar von unten, ausüben, so giebt sich alsbald zu erkennen, daß, wenn dieser Druck auch von oben statt fände, eine Ausgleichung eintreten, und das Wasser in Folge seiner Schwere einfließen müsse. Die Erfahrung gab natürlich die Bestätigung dieses Satzes, und so entstand denn die entsprechende Vorrichtung welche aus folgenden Theilen besteht:

W ist ein rundes kupfernes Gefäß mit einer etwas weiten, zum etwaigen Reinigen bestimmten Oeffnung versehn, welche durch einen Deckel vermittelst Pappring und Schraubengeschlinge verschlossen ist. Das Gefäß kann ebenso gut aus Holz gefertigt und von jeder bequemen Form seyn. Dasselbe befindet sich auf einem gezimmerten Gerüst, über oder neben dem Dampfkessel, doch in einer solchen

Höhe, daß sowohl das Beckenwasser des Spiritusapparats, in das Gefäß hinein als aus demselben in den Dampfkessel fließen kann.

a a ist ein kupfernes Rohr, welches aus dem Boden des obigen Wasserbehälters bis tief in den Dampfkessel hineinreicht. Dies Rohr ist mit einem Hahn versehn, und besteht aus zweien Theilen, von denen der eine an dem Dampfkessel, der andere aber an dem Wasserbehälter befestigt ist. Beide werden, wie aus der Zeichnung ersichtlich ist, durch ein Schraubengeschlinge in gewöhnlicher Art, mit einander verbunden.

t t ist ein zweites Rohr, gleichfalls mit einem Hahn versehn, und wie das Rohr a aus zweien Theilen bestehend, welches von der Decke des Dampfkessels ausgeht und dicht unter der Decke des Wasserbehälters endigt.

f ist ein Luftventil, das sich nach Innen öffnet, damit das Gefäß W, falls sich die Dämpfe kondensiren sollten, gegen ein Zusammendrücken von Seiten der äußern Luft geschützt sey.

U ist ein Rohr, mit einem daran befindlichen Hahn, welches entweder mit dem, wohl in jeder Brennerei vorhandenen, größeren Wasserreservoir verbunden ist, oder mit der Wasserpumpe in Verbindung gesetzt werden kann. Es dient dazu um den Dampfkessel das erstemal mit Wasser zu füllen, weil die fernere Füllung nur erst bei der bereits in Gang gebrachten Destillation, durch das zufließende Beckenwasser, geschehn kann.

b ist ein Hahnrohr, welches das Beckenwasser zuleitet. Damit aber, wenn der Nachfüllbehälter W bereits gefüllt ist, das ferner zufließende Wasser ohne weiteres einen anderen Ausgang finde, so endet das Rohr b seitwärts in einem

Trichter y, dessen Schnabel X soweit in denselben hineinreicht, daß er ein wenig über die Mündung des Rohres b hervorragt Fließt nun das Beckenwasser durch b in den Trichter, so füllt sich derselbe bis zu dem Rohr E an, und das Wasser fließt durch dieses so lange in W ein bis W gefüllt ist. Ist dies der Fall so steigt das Wasser in dem Trichter höher, und kann nun erst die Oeffnung des Rohres X erreichen und durch dieses abfließen.

Zum Ablassen des Wassers aus dem Dampfkessel, dient der Hahn F Taf. 2.

Feuerungsanlage.

Wie aus den bereits erwähnten Erfahrungsgrundsätzen hervorgeht, muß die Feuerungsanlage so beschaffen seyn, daß ein heftiger Zug stattfindet, das Feuer also zur vollständigen Entwickelung kommt. Daher muß erstlich der Rost, als eigentliche Feuerstelle, Geräumigkeit genug haben, um eine hinreichende Quantität Brennmaterial mit Einemmale aufzunehmen, und demselben überall die nöthige Menge Luft zuzuführen. *) Das Brennmaterial darf also nirgend

*) Aus eigener, anderweitiger Erfahrung kann ich nicht umhin hier eines Mißgriffs zu erwähnen, der fast überall bei Anlegung von Rosten begangen wird. Man geht nämlich immer von der Ansicht aus, daß, um das Hindurchfallen großer Kohlen zu verhüten die Roststäbe ziemlich eng gelegt werden müssen. Dies ist indeß durchaus fehlerhaft, denn betrachtet man die Gesammtzwischenräume an einem gewöhnlichen Rost, so fällt schon das Mißverhältniß auf, welches zwischen ihnen als viel zu kleine Durchgangsöffnungen für die Luft, und der im Verhältniß viel zu großen Menge des Brennmaterials, stattfindet. Kommt nun noch hinzu, daß von diesen Zwischenräumen wenigstens $\frac{2}{3}$ durch das Brennmaterial zugelegt, also verstopft werden, so ist es ersichtlich, daß es dem Brennstoff nothwendig an Luft zum vollständigen und leb-

über den Rost hinausliegen. Zweitens muß die Feuerung so beschaffen seyn, daß auch die mit dem Rauch entweichende Hitze benutzt wird.

Wenn es nun keine Schwierigkeiten hat, den Bau des Rostes oder der Feuerstelle den ersteren Anforderungen gemäß auszuführen, so ist der zweiten Bedingung minder leicht zu genügen. Und dies hauptsächlich aus dem Grunde, weil, um alle Wärme des Rauches zu gewinnen, kein anderes Mittel übrig bleibt, als denselben überall da hinzuleiten, wo

---

haften Verbrennen fehlen müsse. Daher ist es ein großer Fehler, wenn man die Roststäbe zu dicht neben einander bringt; sie müssen vielmehr wenigstens 1 Zoll auseinander liegen. Wenn hier nun auch größere Kohlen hindurchfallen, so ist dies nicht nur kein Nachtheil, sondern sogar ein Vortheil; denn erstlich ist die Heitzkraft ausgebrannter Kohlen ganz unbedeutend, wenn der zu erhitzende Gegenstand nicht unmittelbar mit ihnen in Berührung ist, wie dies bei Kesselfeuerung, wo sich nur eine möglichst entwickelte Flamme wirksam zeigt, doch nicht der Fall ist. Zweitens erlangt durch ihr Verschwinden von der Feuerstelle das noch lodernde Brennen des unzersetzten Brennmaterials eine viel höhere Entwickelung, indem der zuströmenden Luft in bedeutenderem Maaße der Zugang zu demselben geöffnet wird; und so also steht die schwache Heitzkraft ausgebrannter Kohlen, wenn sie die Entflammung verkümmern, in gar keinem Verhältniß mit der, durch ihr Verschwinden intensiver gewordenen Heitzkraft des noch brennenden Holzes. Endlich kommt noch hinzu, daß, wie ich die Erfahrung gemacht habe, bei größeren Zwischenräumen des Rostes bedeutend weniger Kohlen entstehn, indem sie durch das lebhaftere Brennen, sofort zu Asche verbrannt werden. Außerdem daß es also rathsam ist die Roststäbe weitläufig zu legen, würde ich noch empfehlen, dieselben nicht, wie es gewöhnlich geschieht, langauf, sondern in die Quere zu legen, weil sich im ersteren Falle die Zwischenräume immer noch, wofern mit Holz gefeuert wird, leichter verpacken als im anderen; auch erlangt man noch den Vortheil, daß die Roststäbe, indem sie jetzt ganz kurz sind, sich weniger verziehn als es bei langen Stäben immer der Fall ist. Der Einwand daß bei dieser Richtung des Rostes das Holz weniger gut zurecht geschürt werden könne, ist unerheblich, da ein guter Kalefaktor der Hülfe der Schürstange nicht bedarf.

seine Wärme benutzt werden soll. Mit diesem Umherleiten des Rauches wird aber immer der Zug des Feuers, und hiermit das Zuströmen der Luft zum Feuer, verhindert, mithin also auch die einzig und allein hierin begründete Entwickelung, und folglich auch die größtmöglichste Benutzung desselben an dem Ort, wo diese gerade verlangt wird, vermindert.

Man darf also ein gewisses Mittelverhältniß in Hinsicht dieser Leitung des Rauches, zur Absorbirung seiner Wärme, nicht übersteigen, wofern man nicht auf der einen Seite mehr verlieren will, als man auf der andern gewinnen kann. Es ist also nur eine Leitung des Rauchs in soweit zulässig, als man, durch die schlechtere Entwickelung des Feuers, noch nicht soviel Wärme einbüßt, als man durch die Leitung gewinnt. Dies Verhältniß kommt aber nur dann heraus, wenn der Rauch, bevor er zum Schornstein gelangt, nur kurze Nebenwege zu machen hat. Es ist daher zweckmäßig, ihn nur um die Wände des Dampfkessels, herumzuführen, und nachdem sogleich in den Schornstein gelangen zu lassen. Den Rauch noch unter die Darre zu leiten ist nicht rathsam, er hat hier einen zu langen horizontalen Weg zu machen, welcher dem natürlichen, stets senkrechten Aufstreben der erhitzten Luft und des Rauches einen nicht ungestraften Zwang anlegt. *) Ebenso wenig ist

*) Ich erlaube mir hier im Allgemeinen die Bemerkung, daß es in den allerwenigsten Fällen wirklichen Vortheil bringt, den Rauch und die erhitzte Luft, außer in der Haupt-Feuerung, noch anderweitig zu benutzen, wenn es nicht während des Aufsteigens in senkrechter Richtung geschehen kann. Zwar drängt sich die Idee, die nicht unbedeutende Wärme des Rauchs und der von der Feuerung ausgehenden erhitzten Luft noch zu anderen Zwecken zu benutzen, ganz unwillkührlich auf. Erwägt man aber, daß jede horizontale Leitung des Rauchs notorisch den Zug vermindert, so

ein Herumführen des Rauchs um die Blasen des Brennapparates zulässig. Ein Versuch, der in der Brennerei des Herrn Pistorius, ungeachtet meiner Einwendungen, gemacht wurde, hat dies vollständig bestätigt.

Taf. I. Fig. I. stellt den Grundriß der Feuerung dar. Der Dampfkessel ist hinweggedacht.

G G ist die Brandmauer.

Von H wird eingefeuert und I ist der Rost. Von

---

geht unbedingt daraus hervor, daß da, wo man die Hauptwirkung des Feuers verlangt, jetzt nothwendig ein Zuschuß an Feuermaterial, entweder geradezu oder durch Verlängerung der Zeit, bis zum beabsichtigten und nöthigen Wärmeeffekt, erfordert wird. Giebt man aber einen solchen Zuschuß, so heißt dies denn doch nichts anders, als man wirft dasjenige Brennmaterial, welches man z. B. zu einer besonderen Darrfeuerung gebrauchen würde, mit unter den Dampfkessel und läßt es, anstatt dort, hier verbrennen. Man könnte sich diese Vereinigung nun noch gefallen lassen, wenn nur die Summe beider Effekte d. h. der einer besonderen Kessel- und der einer besonderen Darrfeuerung, herauskäme; allein auch dies ist nicht der Fall, denn man reicht mit der Holzmenge, die eine besondere Darrfeuerung erfordert, als Zuschuß unter dem Dampfkessel, wenn der Rauch desselben unter die Darre geführt wird, keineswegs aus, sobald man, außer dem direkten Zuschuß, die verzögerten Effektabschnitte der Kessel- und Darrheitzung gegeneinander hält und in Anschlag bringt. Ein deutliches Zeichen von der beträchtlich unterdrückten Verbrennung beim Verbinden der Darre mit dem Kesselfeuer, giebt schon der in Masse in die Luft, ausströmende Rauch. Der Rauch aber ist nichts anderes als unverbranntes Brennmaterial, und dies ist deshalb unverbrannt geblieben, weil die entsauerstoffte zur Erhaltung des Verbrennens nicht mehr taugliche, Luft nicht schnell genug hat abgeführt, und daher keine frische Luft in hinreichendem Maaße hat zugeführt werden können, um die glühenden Gasarten, in welche sich jedes brennende Material verwandelt, wirklich zu verbrennen. Man kann sich daher immer auf eine schlechte Wirkung gefaßt machen, sobald man dem Schornstein, namentlich dann, wenn das Feuer bereits eine zeitlang gebrannt hat, dicke Rauchwolken entsteigen sieht, auch stimmt damit jedesmal die Farbe des Feuers überein, die in diesem Fall stets rothgelb und nicht weiß ist.

den drei Seiten des Rostes erhebt sich ein Feuerkasten Taf. III. Fig. 3. K K, so daß sämmtliches Holz auf dem Rost liegen muß.

Von diesem Feuerkasten steigt der Heerd ringsum in Gestalt eines flachen Trichters L L L Fig. 1. Fig. 3. Fig. 4. Bei M M M M erhält dieser Trichter wieder eine etwa 3 Zoll hohe senkrechte Höhe, auf welche der Dampfkessel aufgesetzt wird.

R R Fig. 1, 3, 4. sind zwei Oeffnungen, durch die Zunge T getrennt, durch welche ein Theil des Feuers ohne durch die Röhren des Feuerkastens B zu gehn, in die Seitenzüge gelangt. Die Erfahrung hat nämlich gezeigt, daß sich das Feuer, um in den Feuerkasten zu gelangen, doch etwas drängt, weshalb ihm durch die genannten Oeffnungen noch ein anderer Ausweg verschafft ist. Wahrscheinlich würde der Zweck in noch vollerem Maaße erreicht werden, wenn sich noch mehrere solcher Oeffnungen unter dem Boden des Dampfkessels befänden, und zwar auf der, der Einheitzthür gegenüberstehenden Hälfte des trichterförmigen Heerdes. Es würde hierdurch in jedem Fall eine noch größere Vertheilung des Feuers, und so, nach den S. 26. erörterten Grundsatz auch eine stärkere Wirkung entstehn.

Die niedrige, senkrechte Umfassung M M bildet gleichzeitig, in ihrer waagerechten Stärke, die Sohle der Seitenzüge.

Q Q ist die äußerste Umfassungsmauer des Dampfkessels, sie umgiebt denselben in einem Abstand von 6 Zollen und dieser Zwischenraum bildet die Seitenzüge. Bei O O sind dieselben zugedeckt, so daß sie nicht die volle Höhe des Kessels haben. T ist die bereits erwähnte Zunge; sie geht von der Sohle des Zugheerdes bis zu seiner Bedeckung, und theilt sowohl das, durch die Oeffnungen R R, wie das durch die Röhren c c c c in die Züge gelangemde Feuer, so daß die eine Hälfte desselben rechts, die andere Hälfte aber links um den Kessel herumgeht. Die Zunge ist in ihrer ganzen Höhe in Fig. 3 ersichtlich, indem hier, im Durchschnitt nach der Linie A B Fig. 1, der Dampfkessel herausgedacht ist, so daß man nur die, der Einheitzthür gegenüberstehende Hälfte des Mauerwerks sieht.

z ist eine zweite Zunge, welche sich in dem, über der Einheitzthür stehenden, senkrechten Rauchrohr befindet. Sie hat eine ungefähre Höhe von 2 Fuß, und erhält das in den Zügen um den Kessel gehende Feuer, welches hier zusammenstoßen würde, so lange getrennt, bis dasselbe im Rauchrohr selbst wiederum eine senkrechte Richtung angenommen hat.

g g g g Fig. 1. Fig. 2. und Fig. 3. sind Oeffnungen in der Umfassungsmauer, sie dienen zur Reinigung sowohl der Züge als der Röhren. Diese Oeffnungen müssen so vertheilt werden, daß sie gerade auf die Mündungen der Röhren treffen, denn obschon sich in den Röhren, selbst nach mehrjährigen Gebrauch, nur eine Spur von Flottasche vorfand, so ist es doch gut, wenn man unmittelbar zu denselben gelangen kann. Diese Oeffnungen werden nicht wirklich vermauert, sondern nur mit Steinen ohne Mörtel zugesetzt, und außen mit Lehm verstrichen.

Als allgemeine Regel gilt noch, daß man die Züge nicht zu eng mache, und dies auch berücksichtige, wenn der Schornstein entfernt von dem Dampfapparat sich befindet und der Rauch dahingeleitet werden muß. Ein diesfallsiger

Leitungskanal muß im Querdurchschnitt mindestens immer 100 Quadratzoll enthalten. *)

---

*) Die geringe Wirkung des Feuers in den Seitenzügen aller kesselartigen Kochgefäße veranlaßt mich zu einem Vorschlag, der sich in der Ausführung unfehlbar bewähren muß. Hat man sich nämlich überzeugt, was an der Flamme einer jeden Kerze geschehn kann, wie unbedeutend die Flamme einen Körper erwärmt, der sich, selbst im allerkleinsten Abstand, zur Seite derselben befindet, so kann man unmöglich die senkrechten Seitenwände der Kessel dulden, indem diese eben nur der unbedeutenden Seitenwärmung theilhaftig werden. Ich bringe daher in Vorschlag, dem in Rede stehenden Dampfkessel eine konische Form zu geben Fig. 10. A. Der Durchmesser des Bodens ist also kleiner als der Durchmesser der Decke, so daß b b die Seitenwand des Kessels unter einem Winkel von 75 Grad oben rundum überhängt. Hierdurch wird das aus den Röhren in den Seitenzug gelangende Feuer gezwungen, scharf gegen die Seitenwand des Kessels anzustreichen, und größtentheils senkrecht seine Hitze an dieselbe abzusetzen. Es muß also, bevor es den oberen Raum des Zuges erreicht, die ganze Höhe der überhangenden Seitenwand bespielen, und dies nicht nur in einer gerade aufsteigenden, sondern in einer schrägen Richtung, weil es stets seinem endlichen Ausgang, d. h. dem Schornstein zustrebt. Augenscheinlich also muß bei dieser Form des Dampfkessels, die Hitze des Feuers bei weitem besser absorbirt werden als durch eine cylindrische Form, denn das was der Boden im Durchmesser und also an Fläche verliert, wird hundertfach durch die überhangende Seitenwand, welche in ihrer Stellung gleichsam auch Boden ist, überwogen. — Die übrigen Theile dieses konischen Kessels sind wie bei dem andern, und auch im Allgemeinen ist die Feuerungsanlage der vorbeschriebenen gleich. Fig. 11. ist ein Grundriß derselben. Ich habe hier wie o zeigt, die Roststäbe quer-über gelegt, und zur möglichst größten Zertheilung des auf dem Rost brennenden Feuers, in der kleinen Umfassungswand des Heerdes, also in i i Fig. 10. (Durchschnitt nach der Linie E F) die Oeffnungen h h h h angebracht, so daß also das Feuer nicht nur durch die Röhren des Kessels, sondern auch durch diese Oeffnungen, unter dem Boden desselben, in den Seitenzug gelangen kann. Dieser Seitenzug ist natürlich wie Fig. 10. zeigt, ebenfalls konisch. c ist die Zunge, welche das Feuer theilt und dasselbe links und rechts um den Kessel herumgehn macht; l dagegen ist die Zunge im Schornstein, r r r ist die obere, und k k k die untere Kante des Zuges; m m m m ist die Sohle desselben und f f f die allgemeine Umfassungswand. Die Oeff-

Bedienung des Apparats.

Die Bedienung dieses Dampfapparats ist im Ganzen sehr einfach. Nachdem die Brennblasen in gewöhnlicher Art mit Maische gefüllt sind, werden die nach den Kartoffeldämpfern führenden Hähne f f Taf. VI. geschlossen und dagegen die mit den Röhren h h Taf. IV. und Taf. VI. in Verbindung stehenden, geöffnet. Es wird sodann unter dem Dampfkessel stark untergefeuert, und damit ohne weitere Rücksicht fortgefahren. Nach Verlauf von dreiviertel Stunden ist der Kessel im Sieden, und nach abermaligen dreiviertel Stunden fängt auch die Maische in den Blasen an zu kochen. Das Kochen der Maische ist bei weitem stärker als wenn es durch unmittelbares Feuer veranlaßt worden; doch wie heftig es auch seyn mag, die Blasen kochen niemals über, eine Eigenthümlichkeit, welche nicht als unwichtig sich den übrigem Vorzügen der Dampfheitzung zugesellt. Da die Maische aber immer schon heftiger kocht als sonst, so gehn die Blasen auch stärker, d. h. es findet ein stärkerer Spiritusabfluß statt, womit indessen gern eine Abnahme der Stärke des Spiritus um 1 bis 2$\frac{0}{0}$ verbunden ist. Will man diese relativ nicht verlieren, d. h. verlangt man dieselbe Stärke als früher, so muß man etwas mehr Wasser auf die Becken fließen lassen, wo denn, obgleich bei verhältnißmäßig immer noch reicherem Abfluß, der Spiritus von der früheren Stärke erhalten wird. Ist die Destilla-

---

nungen h h h h sind nur in der, der Heitzthür gegenüberliegenden Hälfte des Feuerraums angebracht, weil sich auf der diesseitigen Hälfte der Rost befindet und also, wenn auch hier Oeffnungen wären, das Feuer zu sehr veranlaßt werden würde, den nächsten Weg zum Schornstein zu nehmen, der auf der diesseitigen Hälfte liegt.

tion bis zum Ablassen der Blase beendigt, so geschieht dies ohne Weiteres, und man hat auch hierbei nicht einmal nöthig, die Maische vermittelst der Rührmaschine umzurühren, indem von den fortwährend einströmenden Dämpfen die Maische in stetem Kochen, also Dickes und Dünnes durchaus gemischt erhalten wird. Nur zu Ende des Ablassens verursachen die Dämpfe einige Unbequemlichkeit. Sie fangen dann nämlich an, mit dem letzten Reste der Schlempe zugleich auszutreten, und man ist dadurch beim Zudrehen des Schlemphahnes leicht einem Verbrühen ausgesetzt. Aus dieser Ursach ist es gut, wenigstens gegen das Ende des Ablassens den Dampfhahn i Taf. V. Fig. 5. zuzuschrauben, und mit der Rührmaschine den letzten Rest der Schlempe hinauszufegen. Ein Sprengen des Dampfkessels ist durch dies Verschließen des Dampfhahnes in keinem Fall zu befürchten, selbst wenn auch nur ein Apparat damit getrieben würde, also weiter kein Ausgang für die Dämpfe vorhanden wäre. Das Ventil l Taf. IV. und Taf. VI. wird dann von den Dämpfen gehoben, und so öffnen sie sich selbst einen, ihnen angewiesenen Ausweg.

Ist die Blase abgelassen, so kann man den Dampfhahn sogleich wieder öffnen, und zugleich mit der Maische aus dem Vorwärmer, die Dämpfe wieder in die Blase lassen. Ein mögliches Zurückhalten der Maische in dem Vorwärmer, durch den Druck der Dämpfe, wird wiederum dadurch beseitigt, daß diese Maische nicht mehr im Kochen ist, also etwas abkühlend auf die Dämpfe wirkt, und so ihre Spannung vernichtet.

Bei der neuen Füllung des Brennapparats beginnt jetzt die Destillation viel rascher als das erstemal, weil die aus dem Vorwärmer in die untere Blase gelassene Maische schon kochend heiß ist, was beim erstenmal (also des Morgens, wenn man anfängt zu brennen) nicht der Fall ist. In zehn Minuten ist die Blase wieder im Gange, und die Destillation schreitet wie früher fort, so daß der beaufsichtigende Brenner, selbst außerhalb des jetzt ganz unnöthigen Rührens der Maische, und Regulirens des Feuers, den Blasenbetrieb mit großer Bequemlichkeit, und Sicherheit leiten kann.

Wie groß nun der Dampfkessel für ein gegebenes Maischquantum seyn muß, ergiebt sich aus den Seite 23. angeführten Versuchen. Hiernach nämlich muß der Kessel ziemlich doppelt soviel Wasser fassen als Flüssigkeit destillirt werden soll. Nach dem Maaßstab des auf den Kupfertafeln verzeichneten Apparats, welcher sich in eben dieser Größe in der Brennerei des Herrn Pistorius findet, ist dies nun zwar nicht der Fall. Der Kessel faßt bis zur Wölbung nur 1500 Quart und gleichwohl werden mit demselben zwei Apparate von 700 Quart und 500 Quart Blasenfüllung gleichzeitig getrieben, zusammen also 1200 Quart. Da nun bei dem außerordentlich gleichförmigen und schnellen Gang der Destillation vermittelst eben dieses Apparats, kaum noch etwas zu wünschen übrig bleibt, so dürfte dies Verhältniß beinahe als Norm angesehen werden können, und um so mehr, da sich hier schon eine Neigung zum schnellen Treiben der Blasen zeigt. Indem sich's bei den Seite 23 angeführten Bestimmungsversuchen nur um das Kochen von Wasser handelte, so kann diese Abweichung bei der Destillation von Spiritus sehr wohl in der Ordnung seyn.

Bei der genannten Größe dieses Apparates geschieht

nun das Nachfüllen aus der Vorrichtung W Taf. 4. nach dem Abtreiben jeder Blase, wenn selbst das Niveau des Wassers den Feuerkasten noch nicht reicht, was sorgfältig vermieden werden muß wenn dieser letztere nicht verbrennen soll. Man kann zwar, wenn der Kessel ganz gefüllt war, 2 bis 3 Blasen ohne nachzufüllen mit demselben abtreiben, dies ist indeß nicht vortheilhaft, weil dann die Menge des Dampfwassers zu der zu destillirenden Maische in ein schlechtes Verhältniß kommt, und weil bei dem niedrigen Stande des Wassers im Kessel, das Feuers in den Seitengängen dasselbe zu wenig berührt, und eine zu geringe Menge Dämpfe erzeugt werden.

Das Nachfüllen muß übrigens so eingerichtet werden, daß es jedesmal beim Ablassen der Blase verrichtet wird, denn erstlich wird dadurch immer ein kleiner Stillstand in der Destillation herbeigeführt, wofern es inzwischen derselben geschieht; und zweitens, da das nachgefüllte Wasser doch nie so heiß ist als das im Dampfkessel befindliche, so werden die Dämpfe niedergeschlagen, was die Bildung eines luftleeren Raumes zur Folge hat, und nun leicht ein Uebertreten der Maische aus der Blase durch das Dampfrohr in den Kessel veranlassen kann. Es ist daher gut, beim jedesmaligen Nachfüllen die Hähne der Blasendampfröhren zu schließen, und das, sich nach innen öffnende, Ventil k ein wenig anzuheben, um der von außen darauf drückenden Luft das Oeffnen desselben zu erleichtern.

Die Handhabung des Nachfüllens selbst geschieht folgendermaßen. Ist die Brennblase abgelassen, so wird der Hahn E Fig. 4. zugeschroben, dagegen werden die Hähne x und a geöffnet. Durch den Hahn x treten dann die

Däm-

Dämpfe in den oberen, vom Wasser freien Raum des Behälters W, und üben hier auf die Oberfläche des Wassers denselben Druck aus wie gegen das Wasser im Rohr a a. Dasselbe kann also, da es mit eben der Gewalt, mit der es unten zurückgehalten, von oben gedrückt wird, durch den Ueberschuß seiner Schwere in den Kessel gelangen. Ist der Kessel darauf bis zu dem gehörigen Niveau wiederum gefüllt, was man an dem weiter oben beschriebenen Glasrohr sieht, so schraubt man die Hähne x und a wieder zu, und öffnet dagegen den Hahn E. So wenig man übrigens das Wasser im Kessel darf fehlen lassen, ebenso wenig darf man denselben überfüllen, man muß daher sowohl bei dem allmäligen Verdampfen des Wassers als beim Nachfüllen, das Glasrohr in Obacht behalten. Wird das Nachfüllen aus einer gewöhnlichen Tonne verrichtet, so muß, bevor es geschieht, eines der Ventile des Dampfkessels geöffnet werden, damit die Dämpfe ausströmen können, und so dem einfließenden Wasser Platz machen. Bei aufmerksamer Behandlung ist zwar auch hier das Oeffnen der Ventile erläßlich, indessen ist es immer sicherer. Wenn nämlich der Hahn, welcher das Nachfüllwasser in den Kessel leitet, in dem Augenblick geöffnet wird, wo die Blase abgelassen ist, so ist ein Raum vorhanden, in welchen die Dämpfe ausweichen können, wodurch sie größtentheils ihre Spannung verlieren. In dieser Zeit überwiegt also die Schwere des Wassers die noch vorhandene geringe Spannung, und fließt in den Kessel ein, und dies so lange, bis die Blase wiederum durch die Maische des Maischwärmers gefüllt wird. Während dies letztere nun aber geschieht, muß der Hahn, welcher die Dämpfe in die Blase führt, geschlossen werden, damit die aus dem Maischwärmer in die Blase fließende Maische nicht aus dieser in den Dampfkessel übersteigt. Man kann also auch hier sehr einfach das Nachfüllen bewerkstelligen, ohne Dämpfe zu verlieren; nur hüte man sich den Hahn des Nachfüllbehälters früher aufzuschrauben, als die Schlempe aus der Blase abgeflossen ist, denn sonst kann es sehr leicht vorkommen, wenn z. B. das Nachfüllwasser kalt, oder der Kessel nicht mehr im Kochen ist, daß durch das einfließende Wasser sich die Dämpfe kondensiren und so ein luftlerer Raum gebildet wird, in den sogleich die Maische aus der Blase, durch das Rohr i, hinübersteigt und in den Dampfkessel gelangt.

Werden mit dem Dampfkessel von der vorgezeichneten Größe Kartoffeln gedämpft (1 Wispel), so können gleichzeitig nicht auch beide Brennapparate dadurch in Thätigkeit gesetzt werden. Nur ein Apparat und ein Dämpfer lassen sich der Ordnung nach in Gang bringen. Die Blase kommt dann zu derselben Zeit ab, wie wenn beide Apparate ohne Dämpfe im Gange sind, und die Kartoffeln sind in $\frac{3}{4}$ Stunden gahr. Dasselbe ist der Fall wenn zwei Dämpfer geheitzt werden, was indeß wohl selten vorkommt, da nicht füglich die Kartoffeln von zweien zugleich gemaischt werden können.

Da nun während der Zeit wo Kartoffeln gedämpft werden nur ein Apparat in Thätigkeit seyn kann, so hat es den Anschein, als würde gegen früher, wo gleich frühmorgens, durch unmittelbares Feuer beide Apparate in Gang gebracht wurden, an Zeit verloren. Dies ist freilich wahr, doch nicht in Rücksicht auf die zum Dämpfen und Brennen erforderliche Gesammtzeit. Denn nicht allein durch den viel schnelleren Gang der Destillation, sondern auch durch das viel schneller beseitigte Dämpfen der Kartoffeln, wird nicht nur jener Zeitverlust wieder eingebracht, sondern die Arbeitszeit wird im Ganzen wenigstens noch um 3 Stunden gegen früher abgekürzt.

Noch beträchtlicher würde der Zeitgewinn seyn, und mit ihm der Gewinn an Brennmaterial, wenn beide Brennapparate in einem, von der Größe beider, vereinigt wären. *) Durch das Ablassen und Anbringen vieler Blasen geht eine bedeutende Zeit verloren, von der man sofort die Hälfte ersparen würde, wenn der Apparat die doppelte Größe, man also nur die Hälfte der früheren Füllungen u. . w. zum Abtrieb des Brennquantums nöthig hätte. Es wäre daher allen denen anzura ben, welche einen Brennapparat neu erbauen lassen, hierauf Rücksicht zu nehmen und dabei in den Dimensionen der Blasen ein solches Verhältniß eintreten zu lassen, daß dieselben dadurch, bei möglichst kleiner Oberfläche, den möglichst größten kubischen Raum einschließen. Der Einwurf, daß mit der Größe der Blasen sich die Gefahr des so häufigen Springens des Bodens vergrößert, fällt bei der Dampfheitzung weg, weil hier kein Anbrennen, als Veranlassung zum Springen des Bodens, stattfindet. Außerdem können die Kosten des Dampfapparates beim Neubau eines Brennapparats vollkommen dadurch gedeckt werden, daß bei Dampfheitzung, wo weder ein Anbrennen noch Anbraten der Maische möglich ist, also auch kein abnutzendes Scheuren und Abschleifen durch die Rührmaschine stattfindet, die Kupferstärke der Blasen nur halb so groß zu seyn braucht. Die Blasen aus Holz anfertigen zu lassen ist, wiewohl es ausführbar ist, nicht rathsam. Einerseits werden sie außerordentlich leicht undicht, andrerseits sind sie überhaupt nur von kurzer Dauer; und endlich ist, da die Blasen von ganz dünnem Kupferblech gearbeitet werden können, die Ersparniß sehr unbedeutend.

Die großen Vortheile welche die Dampfheitzung in obiger Ausführung den Brennereien gewährt, wird sie auch

*) Es ist dies gegenwärtig in der Brennerei des Herrn Pistorius der Fall, und die weiter oben angeführten Vortheile sind dadurch vollkommen bestättigt.

der Destillation der Branntweine, behufs der Liqueurfabrikation, bringen. Und außer den übrigen Vortheilen wird hier besonders das Ausbleiben des so oft Gefahr drohenden Ueberkochens und Verstopfens der Schlange, als Vorzug ins Gewicht fallen. Auch ist diese Dampfheitzung noch namentlich zur Darstellung starkgewürzter, destillirter Wässer, wie ich sie zur Liqueurbereitung in Vorschlag gebracht habe *), anwendbar, und sie wird sich hier um so vortheilhafter bewähren, wenn beide Gewerbe, also Brennerei und Liqueurfabrikation vereinigt werden, wie dies bereits schon mehrfach der Fall ist, indem auch die Liqueurfabrikation anfängt ein landwirthschaftliches Gewerbe zu werden. Dieselben Vorzüge darf man auch von der Dampfheizung für die Destillation ätherischer Oele aus den rohen Gewürzen erwarten. Hier wo eine große Menge Gewürzstoffe in die Blase kommen, ist insbesondere nicht allein ein stetes Ueberkochen, sondern auch ein Anbrennen und Braten um so mehr zu fürchten, als bei dem erstern die Verstopfung der Destillirgeräthe außerordentlich leicht erfolgt, wodurch lebensgefährliche Explosionen entstehn können, bei dem anderen aber das Destillat verdorben wird, wie dies so leicht bei allen denjenigen Gewürzen zum Vorschein kommt, welche neben dem ätherischen Oel auch noch ein fettes enthalten, wie die Wachholderbeeren, Lorbeeren, Muskaten-Nüsse u. a. Es fallen hier also, durch die Verminderung dieser Uebelstände, die Vortheile der Dampfheizung um so greller ins Licht.

---

*) Lüdersdorf, das Wesen der Destillirkunst. (Haude- und Spenersche Buchhandlung.)

Berlin, gedruckt bei Johann Friedrich Starcke.

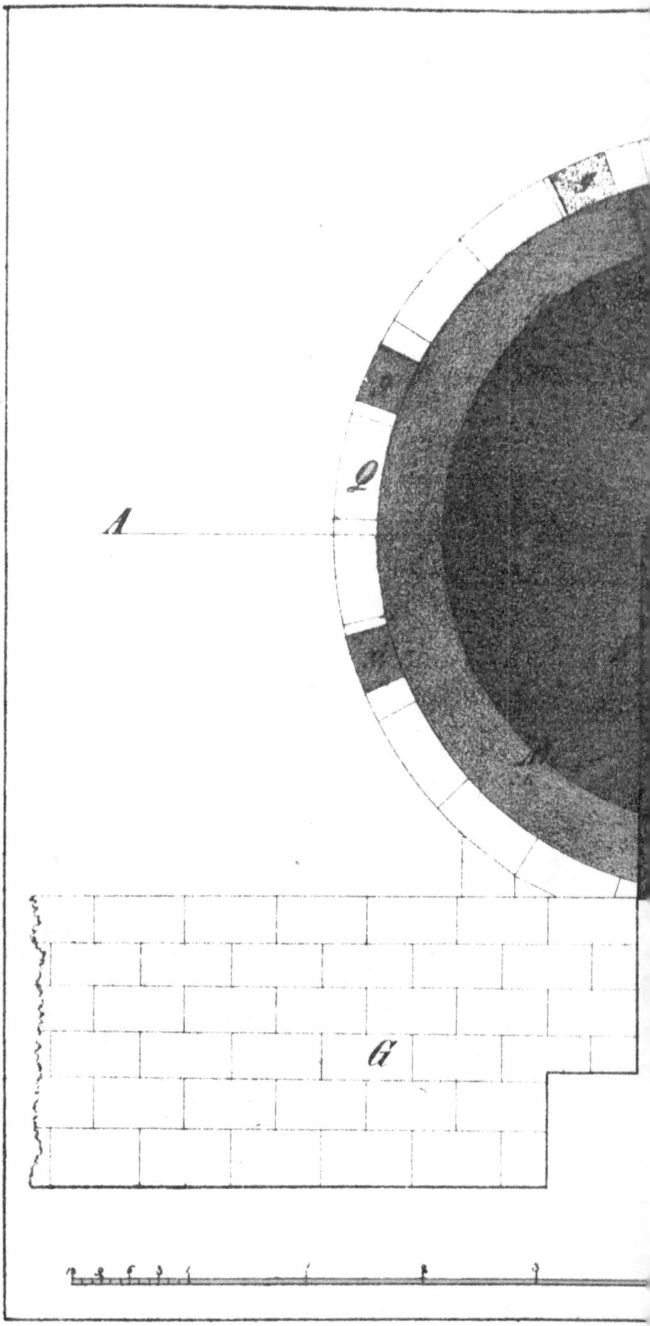
A
Q
G

Taf. I.

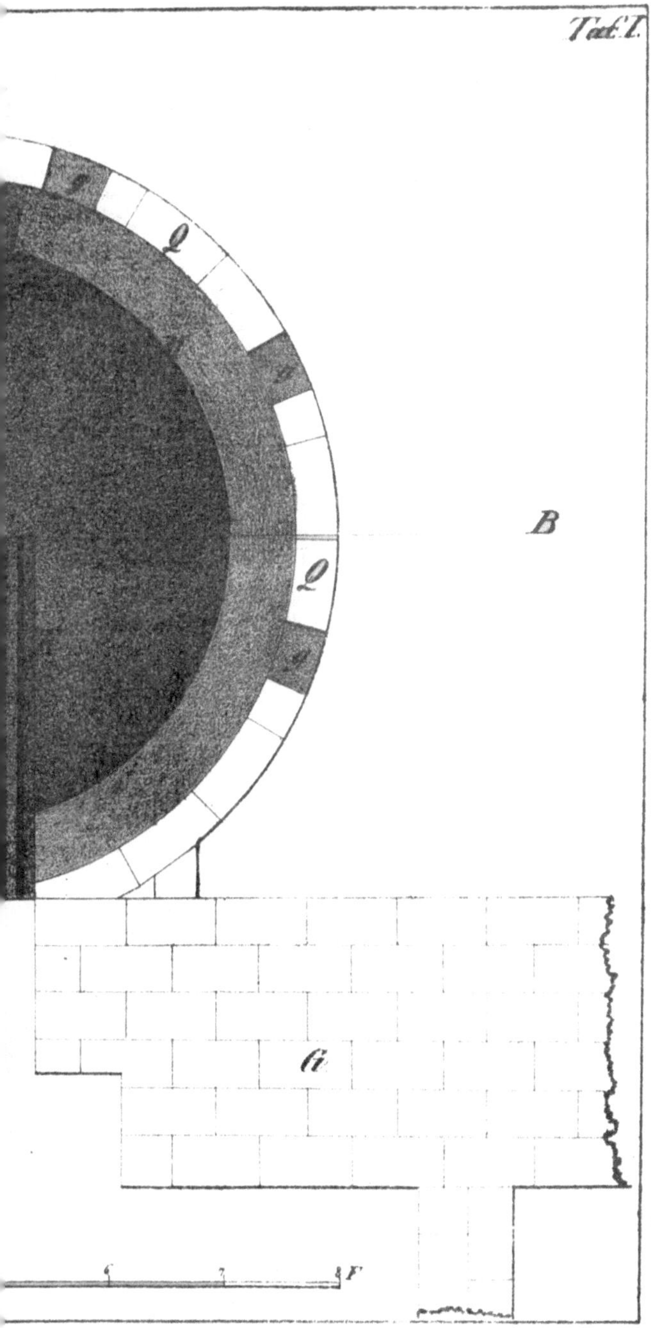

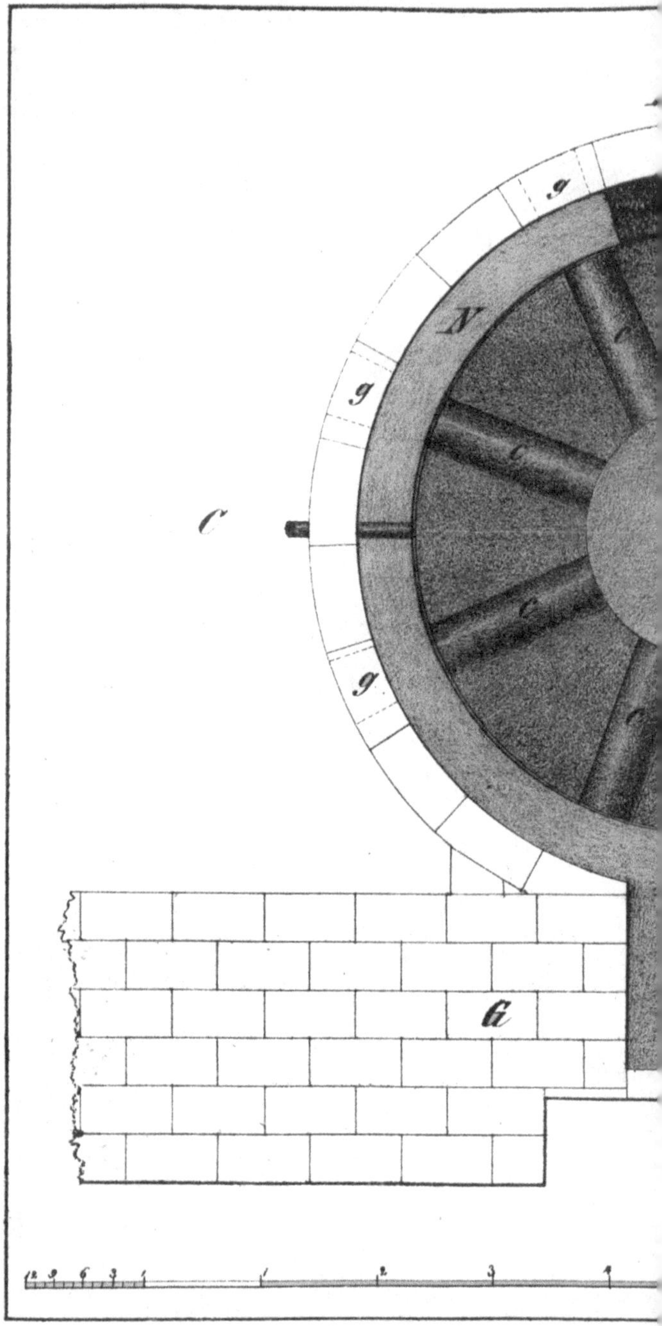

g
N
g
C
c
c
c
g
G

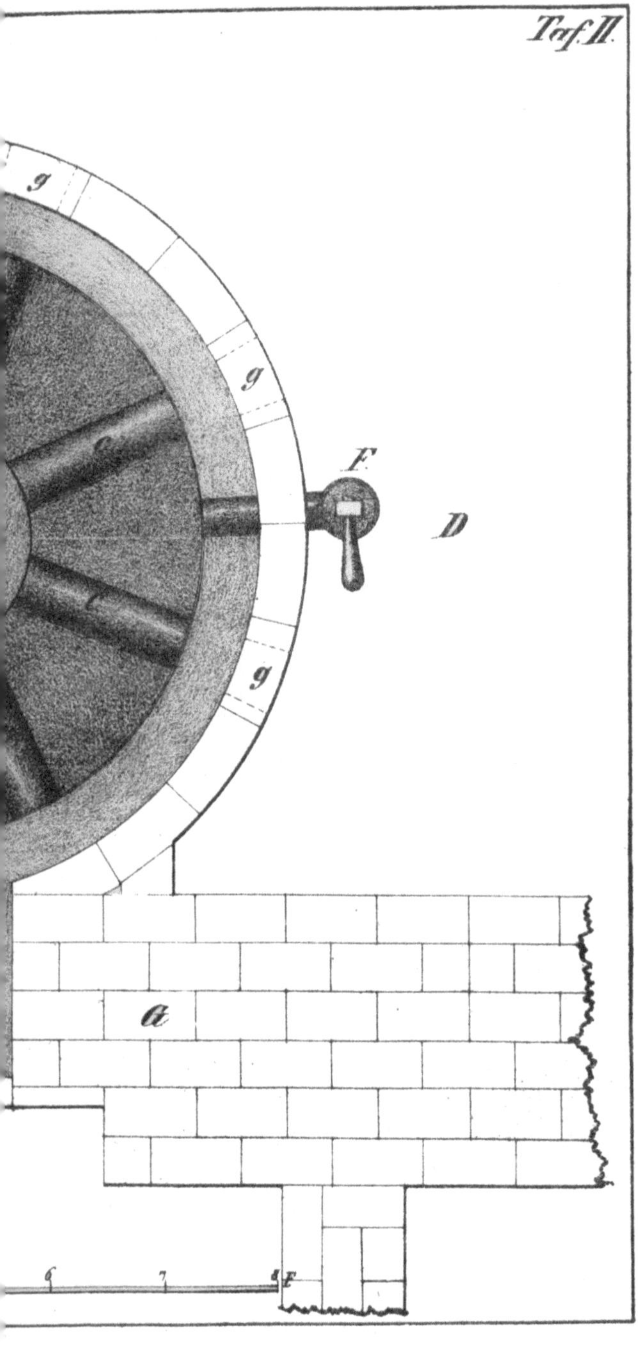
Taf. II.
g
g
F
D
g
G
6
7
8
F

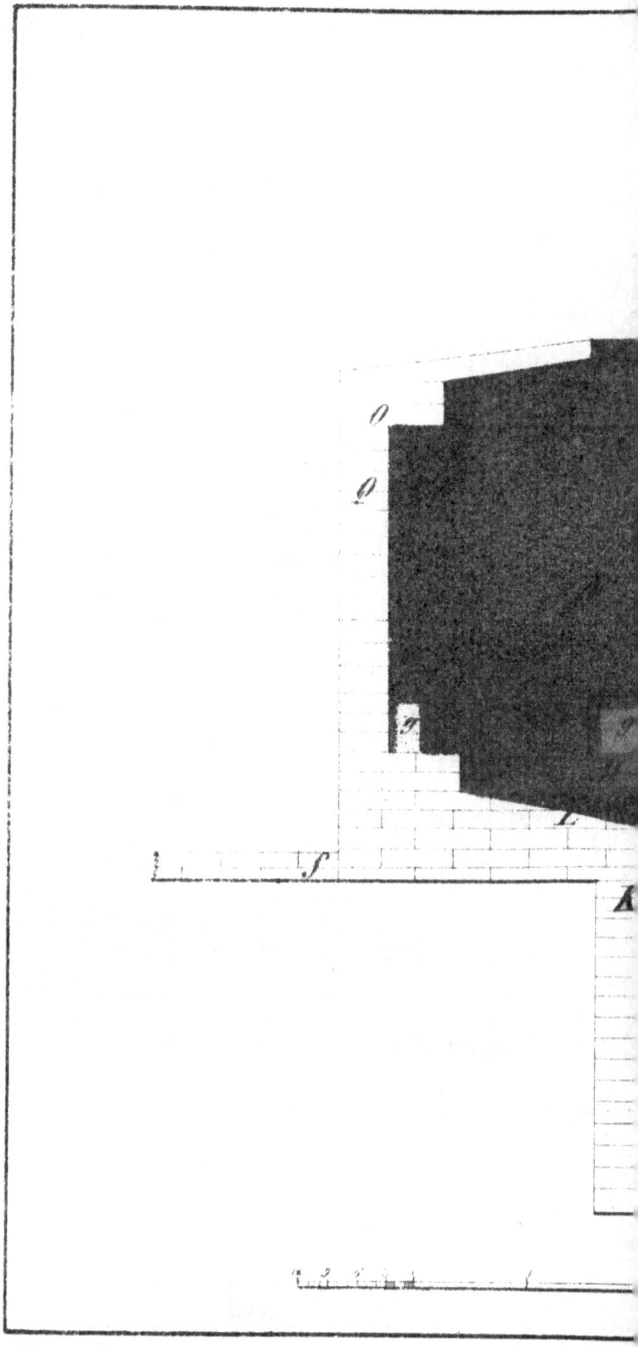

Taf. III

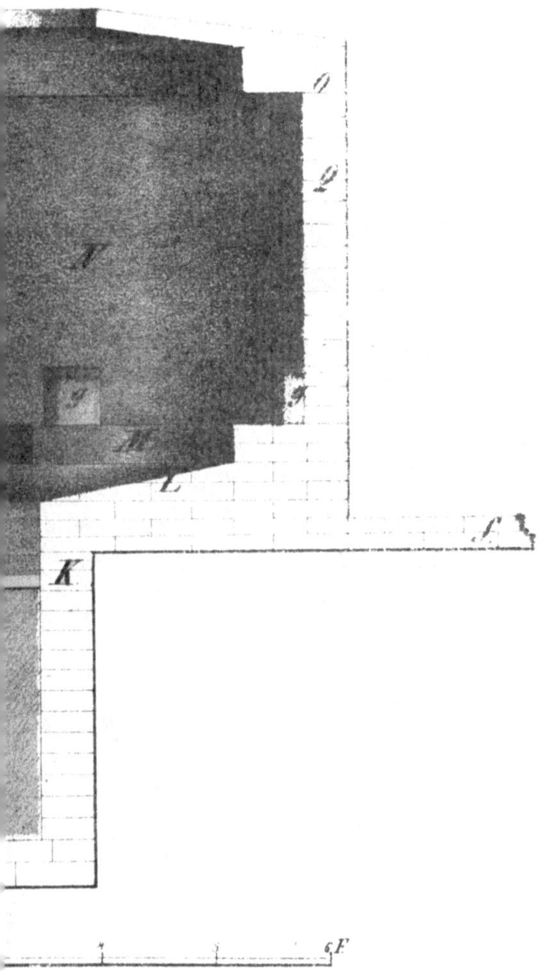

Fig. 4.

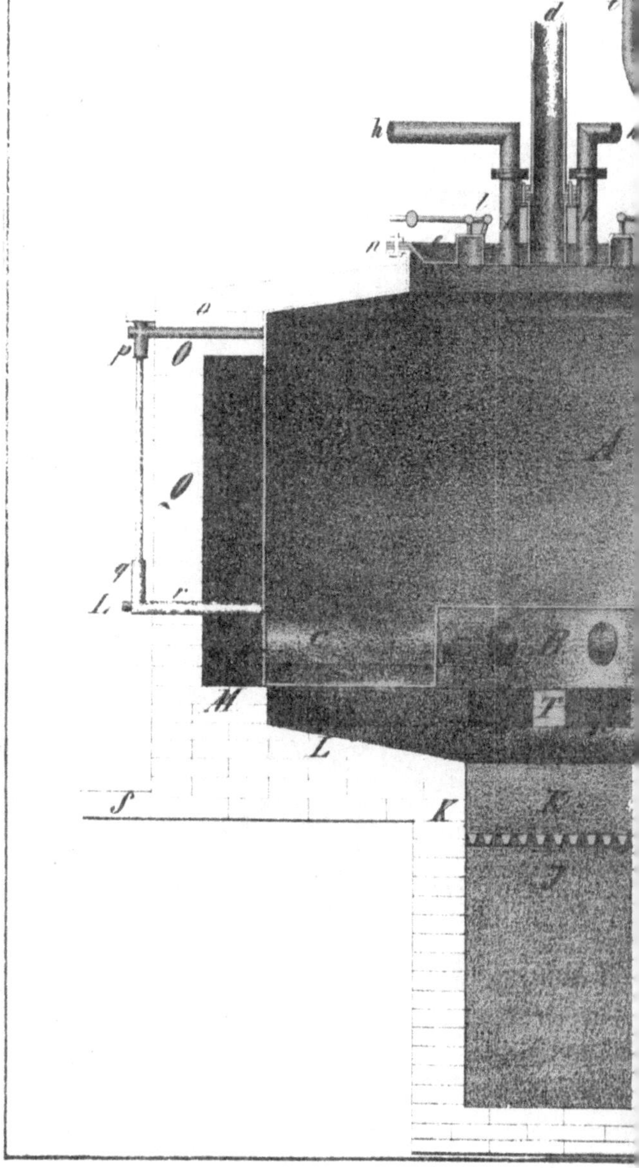

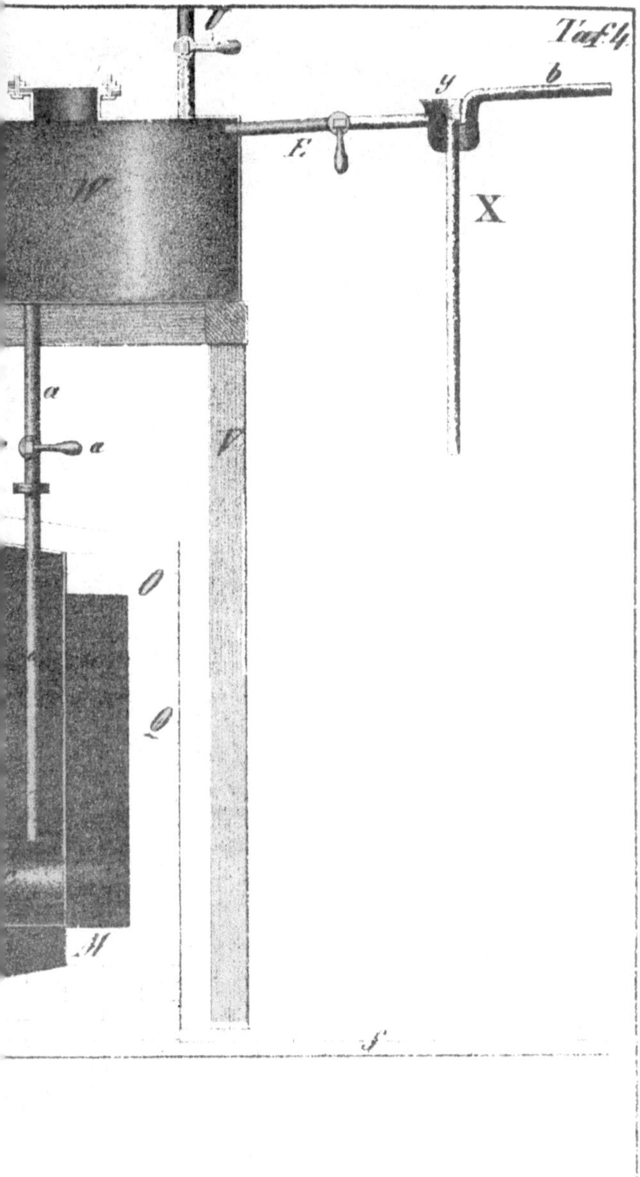
Taf. 4.
y
b
E
W
X
a
a
V
O
Q
M
f

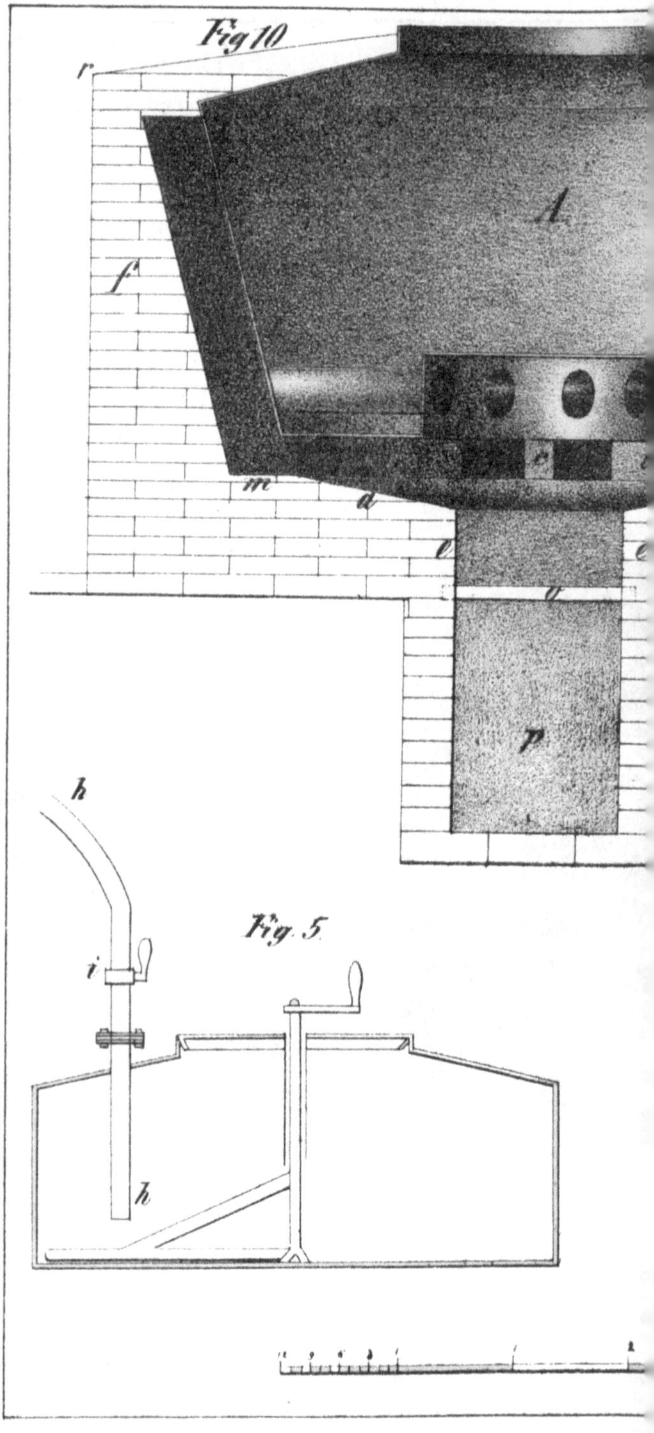
Fig 10
r
f
A
m
d
e
o
p
h
i
Fig. 5

Taf. V.

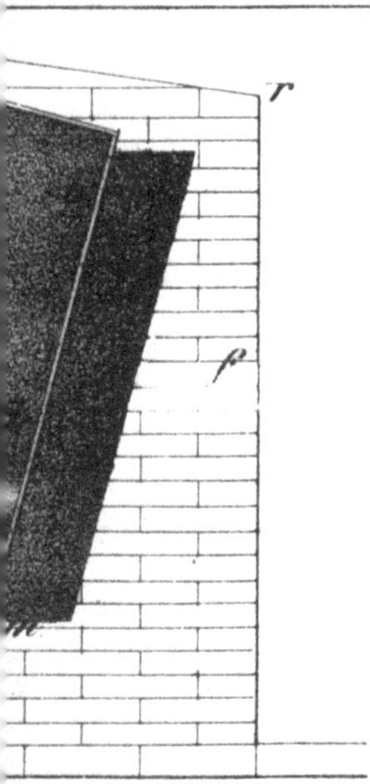

Fig. 6.

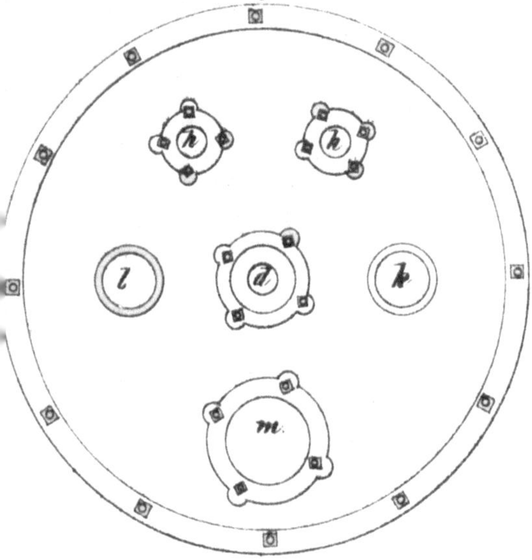

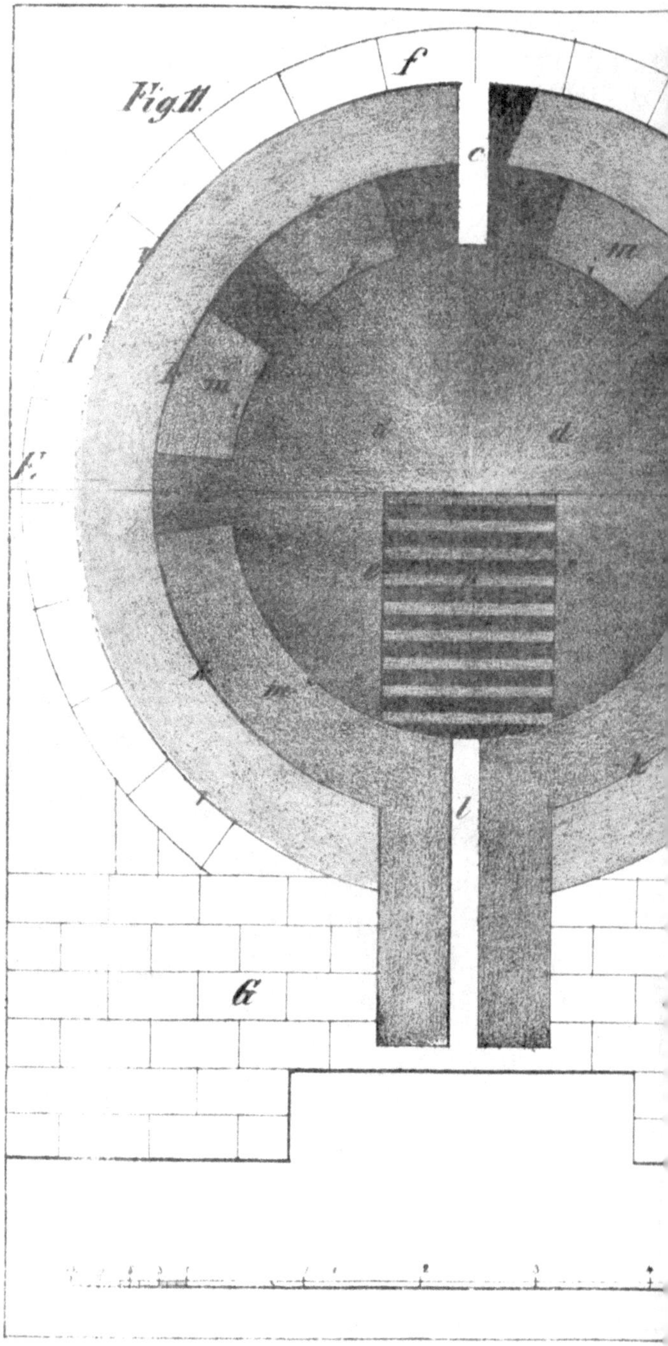
Fig.11
f
c
m
d
F.
l
k
G

Taf. VI.

Fig. 8.

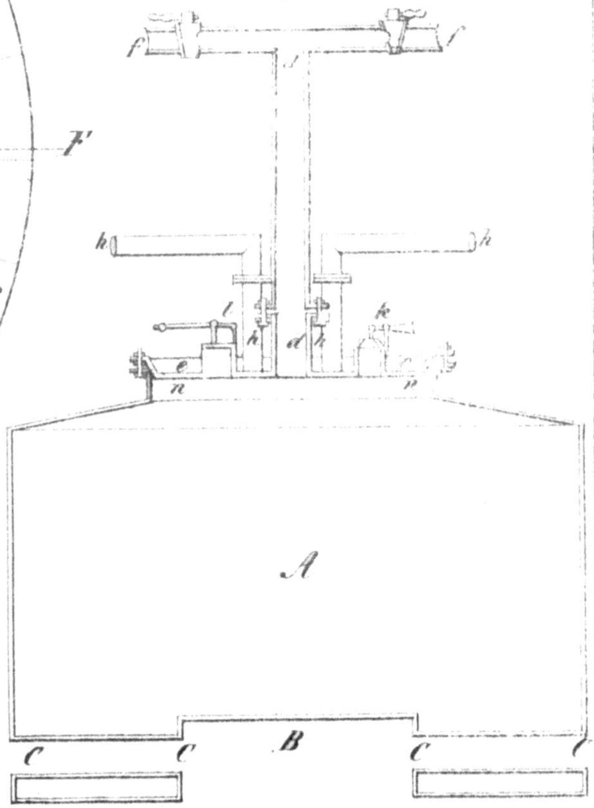

Fig. 9.

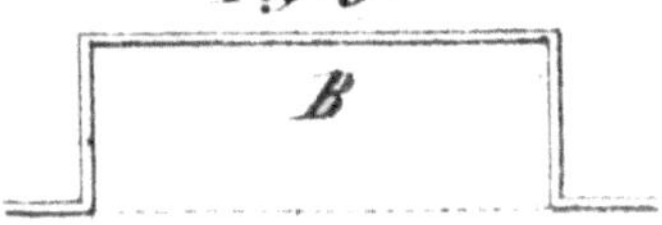

FSC
www.fsc.org
MIX
Papier | Fördert gute Waldnutzung
FSC® C083411

Zeitfracht Medien GmbH
Ferdinand-Jühlke-Straße 7
99095 Erfurt, Deutschland
produktsicherheit@kolibri360.de